JN144923

日本はなぜ原発を拒めないのか

国家の闇へ

Why can't Japan reject nuclear power generation?

山岡淳一郎

Junichiro Yamaoka

日本はなぜ原発を拒めないのか

――国家の闇へ

装丁　柴田淳デザイン室

目次

まえがき　9

Ⅰ　東芝崩壊──原発産業「日米一体化」の罠　15

名門・東芝の凋落　不可解な会見
隠された損失　三つの誤算
原発ビジネスの闇の歴史　ＷＨと北朝鮮
「原子力ルネッサンス」　経産官僚の海外への野心
スーパートップと「日米一体化」　日米一体化シナリオがはらむ潜在的リスク
カザフスタン進出　膨張する工費
不正発覚と政治の影　くり返される「日米一体化」シナリオ
「未必の故意」が生んだ危機の増大　官民一体「日の丸原発」に勝算はあるか

Ⅱ　原子力ペンタゴン──政・官・財・学・報の岩盤　67

「原子力ペンタゴン」とは？　広告による原発推進世論形成の工作
経済至上主義の電事連　「再軍備」への切迫感と核兵器への憧れ
原発と核武装の一体性　学界の反応

正力松太郎の活動　受け入れ先をめぐる攻防
「科学技術庁グループ」vs.「電力・通産連合」　原発立地の囲い込み
電源立地自治体への「アメ」　止まらぬ原発の増殖
経産省の内部告発から決起へ　巻き返しによる原発推進
民主党の原発輸出政策　人災としての3・11
破綻したエネルギー基本計画　原発の発電コストの増大
脱原発指向の高まり　外圧と内圧
時代の逆行と膨れ上がるコスト

Ⅲ　テロリストが原発を攻撃する日――プルトニウムの呪縛

明らかになる原発三大メリットの虚構性　硬直化する日本の電力政策
核を利用したテロの可能性　テロリストにとって核と原発は一体
在庫プルトニウムへの米国の懸念　核ヘッジ戦略とは
外務省の「部外秘」原発テロ研究報告書　冷戦後の旧ソ連からの核物質流出
山積みされた核物質の盗難　核の闇市場で取引したカーン博士と日本企業
後手に回る核セキュリティ対策　政府の問題意識欠如

原発がミサイルで攻撃されたら？

Ⅳ　**核武装の野心——孤立する日本**　*163*

「もんじゅ」の失敗と新たな計画　高速炉のメカニズムと問題点
政府は危険性に触れず高速炉開発を決定　核武装できる選択肢
核抑止と原発　核保持による戦争抑止能力？
原子力の平和利用と核オプション　原子力への拒否感
コールダーホール炉の購入　岸信介の核戦略
戦後日本における核をめぐって　日本の核武装能力
核武装は「損」である　「核の傘」の有効性と、核武装不可能論
日本の核開発をめぐる日米攻防　核オプション合憲論という罠
核オプションの呪縛を解くために　核武装は「禁じ手」

終　**地元の再興——民意は燃えている**　*213*

原発を覆う政治の殻　自治体の自立を阻む財源問題
原発からの自立と再興に向けて　南相馬市の転換

ロボットに目をつけた南相馬市長　建設業者による見通し
廃炉から再興へ

参考文献　*233*

謝辞　*235*

まえがき

科学技術が発達すると、私たちは自分自身の能力も高まったかのように錯覚してしまう。むしろ現代人個々の判断力や、将来を見すえた「生きる力」は、昔の人に比べて衰えているのではないだろうか。平穏な生活がいつまでも続くと信じ、崖っぷちに追い込まれていても気づかない。危機を察知する能力は衰えたようだ。私も、あなたも……。

原子力発電の危険さは東京電力福島第一原発事故によって世界中に知れ渡り、歴史に刻まれた。事故後も原発の巨大なリスク(予想どおりにいかない可能性)は高まりこそすれ、下がってはいない。太平洋の底のプレート境界の沈み込み帯、南海トラフではいずれ巨大地震が起きる。過去には東海、東南海、南海の3地震が連動して発生している。政府の中央防災会議は、南海トラフ巨大地震が勃発すれば、「東日本大震災を超える甚大な人的・物的被害が発生し、我が国全体の国民生活・経済生活に極めて深刻な影響が生じる、まさに国難とも言える巨大災害になる」と明示している。

巨大地震の発生で、静岡県御前崎市の浜岡原発や、愛媛県伊方町の伊方原発、鹿児島県薩摩川内市の川内原発などがどれほどの激震と津波を受けるのか、正確に見極めるのは難しい。30年以内に南海トラフでマグニチュード8～9クラスの地震が発生する確率は70％とされる。今朝オギャーと生まれた赤ん坊が働き盛りを迎える前に国難が襲いかかる確率は高い。陸地には無数の活断層が走っており、そのズレによる地震も頻発している。

政府は原子力規制委員会が安全と認めた原発は再稼働させる方針だが、原理的に死の恐怖を拭えない人間に安全の閾値(しきいち)はない。これで大丈夫とは言い切れない。だから世界中で原発の安全対策費が膨張し、その負担配分をめぐって電力会社や原子炉メーカー、建設会社が訴訟合戦をくり広げる。工事が遅れてさらに工費が増える。悪循環を断ち切るには、原発建設から撤退するしかない。実際に原発に見切りをつけた重工産業は成長軌道にのっている。

原発のリスクが計り知れないのは、万一、過酷事故が起きると、人間が制御できなくなるからだ。石油や天然ガスのエネルギープラントを運営する専門家は、「最悪の事故に備えて施設を設計するのが大原則。しかし原発は事故が起きたら放射能で人間が近寄れなくなるのを承知で建てている。根本的な発想が間違っている」と口をそろえて言う。

近年は、原子力施設を狙った「核テロ」の危険も高まっている。２０１6年3月にベルギーで起きたテロの最初のターゲットは原子力施設だった。テロリストは事前に核施設に勤める技術者の動向を監視カメラで撮影し、原発襲撃をくわだてていたという。核テロには、原発や関連施設への攻撃の他にプルトニウムなどの核物質、放射性物質の窃盗も含まれる。冷戦構造が崩壊し、旧ソ連邦が解体される過程で現実に核物質の盗難が起きている。

このような状況で、日本は核燃料サイクルの再処理で約48トン、核兵器6000発分の在庫プルトニウムを溜めこんだ。米国はじめ世界各国から疑念のまなざしを向けられている。日本は、核武装に踏みだすのではないか、と……。

原発に伴うリスクは、防災と人命、経済、自治、外交、安全保障と多方面に広がり、日本の針路に立ちふさがる。このリスクを取り除くには原発推進路線から脱するほかなく、政治のよりどころの民意は明瞭だ。過半の日本国民が原発からの脱却を望んでおり、新たな選択は決して難しくないのである。

朝日新聞が2016年10月に実施した電話による全国調査では、原発の運転再開について「反対」が57%、「賛成」は29%。TBSの15年3月調査によると、「反対」57%、「賛成」35%。毎日新聞の16年3月の世論調査でも、原発再稼働への「反対」が53%、「賛成」30%。メディアが違っても「反対」が過半数を占める。概ね国民の5～6割が再稼働に反対し、約3割が賛成。1割が「わからない」というバランスだ。

政治の「勝負勘」に長けた小泉純一郎元首相は、17年3月2日、郡山市の講演で「日本人はピンチをチャンスに変える民族性がある。自然エネルギーの導入を進め、危険な原発を即刻ゼロとし、発達できる国をつくっていくべきだ」と語った。震災後、脱原発に転じた小泉元首相は「（在任中）専門家や電力会社の言うことを信じていた。引退し勉強して、うそと分かった」「選挙の最大の争点は原発だ」と言い続ける。16年10月19日の共同通信のインタビューでは、東日本大震災の支援活動に参加した元米兵の被曝問題を、こう語った。

「『トモダチ作戦』に参加した元兵士が病気だと聞き、今年五月に十人と米カリフォルニア州サンディエゴで会った。元兵士は原子力空母を東北沖に停泊させて活動していた。一、二年たち鼻血が止まらず内臓に腫瘍ができた。空母は海水を真水に変えてシャワーや料理に使う。外部と内部の両方の被ばくだ。妊娠していた女性は障害児を産み、(その子は)しばらくして亡くなった。みんな日常生活が送れずに除隊せざるを得なくなり(医療保険がないため)高額の医療費を取られている」

小泉元首相は基金を立ち上げ、元米兵たちを支援している。

巨大なリスクをはらむ原発を閉じ、方向転換を望む声は巷に溢れる。原発立地自治体では、老朽原発の「廃炉」が現実的課題に変わってきた。刻々と時は流れる。産業界は本来の立ち位置に戻り、社会に貢献すればいい。以前、東京電力の元幹部に、もしも国が原発をやめたいと言ってきたらどうかと問うと、彼は個人的意見とことわって「そりゃ解放される。断然、動きやすくなる」と即答した。にもかかわらず、日本政府は原発を拒めない。

なぜ日本では民意が通らず、半世紀以上前に定められた原発国策が墨守されるのか。廃炉による電力会社の財務悪化は強調されるのに分散型エネルギー革命は過小評価されるのか。

本書では、原発を拒めない国家の闇に現代史的観点から光を当て、その構造を明かしたい。東芝を崩壊させた「原発ビジネスの罠」を入口にして、原発を推進させる政官財学報＝「原子力ペンタゴン」の成り立ち、「核テロリズム」の系譜、保守政界の奥に継がれる「核武装の野心」へと書き進めていく。国策にすがりつく原発立地自治体の再興については、長いあとがきで触れよう。立地自治体が自立すれば状況は劇的に変わるだろう。

核兵器開発の副産物として生まれた原発は、権力者に軍事と経済、ふたつの力をもたらしてきた。だが、人間が制御できない技術は暴走し、権力の基盤を深く、静かに蝕んでいく。旧世代の原発産業は音を立てて崩れている。この先に何が待ち受けているのか、想像をめぐらせながら、いまを読み解いていこう。

（本文中敬称は省略させていただきました）

Ⅰ　東芝崩壊――原発産業「日米一体化」の罠

名門・東芝の凋落

東京電力福島第一原発事故の破局から6年が過ぎ、原子力発電の本質的な「脆さ」が浮き彫りになってきた。それは、原発事業がビジネスとして成り立たないということだ。事故対応の費用は数十兆円に膨らみ、原発の発電コストを押し上げている。安全基準の厳格化で補修費や、新規建設の工事費はうなぎのぼり。事故前に５０００億円前後と見積もられていた建設費は「兆」の単位に達しており、民間の電力会社が原発を持つのは困難になった。

「電力自由化」が進んだ欧米では、市場が巨額投資を必要とする原発を嫌い、建設計画は次々と白紙に戻されている。核大国フランスの原子炉メーカー、アレバは、フィンランドでの原発建設が10年以上も遅れて莫大な赤字を出し、２０１４年暮れに事実上、破綻した。仏政府は、アレバをＥＤＦ（フランス電力会社）の傘下に入れて存続させたが、ＥＤＦ自身が原子炉部品の欠陥で多くの原発を停止せざるを得ず、経営が悪化している。アレバの不振は、提携する三菱重工の経営を圧迫し続けている。

一方で、重電メーカーのシーメンスやゼネラル・エレクトリック（GE）は、大規模・集中型の原発に見切りをつけ、再生可能エネルギーやコージェネ、熱源機を組み合せた「分散型エネルギー」の開発で成長軌道にのった。原発への向き合い方で明暗が分かれている。

翻って日本の重電メーカーや電力会社はどうか。相変わらず、原発推進の「国策民営」という手形に縛られて大胆な変革に乗りだせない。選択肢がないわけではない。太陽光ひとつとっても、米国の金融情報サービス会社、ブルームバーグの調査では、発電モジュールの価格は2008年から急速に下がり、80％も安くなっている。学習効果で価格が下がっているのだ。

なぜ、日本には「市場の論理」が通用しないのか。幾重にも原発を守る殻を剥ぎとり、拒めない構造をあぶりだす糸口として、消費者になじみの深い電機メーカーの転落に焦点を当てよう。

2017年2月、名門といわれた東芝が、米国の原発建設の遅滞による巨額損失で存亡の危機を迎えていた。解体はすでに始まっており、優良子会社の東芝メディカルはキヤノンに売却され、稼ぎ頭の半導体部門もいかに高く売るか、メインバンクを交えて身売りの算段の最中だった。

泥沼の赤字地獄に東芝を引きずり込んだのは子会社のウェスチングハウス（WH）である。東芝は2006年に54億ドル（6470億円：持ち株比率77％）という相場の3倍もの巨費を投じて、この加圧水型原子炉メーカーを買い、世界中を驚かせた。ここが悲劇の発端だ。

買収額とウェスチングハウスの純資産の差額で資産計上される「のれん」は４０１１億円にも上った。それだけの価値がWHにあると東芝経営陣は判断したのだ。加圧水型は世界の原発シェアの約7割を占めている。国内の沸騰水型しか扱ってこなかった東芝の経営者は、加圧水型の盟主、ウェスチングハウスの買収で世界市場にデビューできると胸を躍らせた。

だが……、射かけた矢は完全に的を外す。WHはアメリカのボーグル原発3、4号機、V・Cサマー原発2、3号機で最新炉「AP１０００」を受注したのだが、原子力規制委員会（NRC）の建設許可がなかなか下りない。「9・11米同時多発テロ」以降、航空機の衝突にも耐えられる安全対策が原発にも求められ、追加工事が増える。福島原発事故後、さらに安全対策は厳しくなり、工費が膨らむ。追加コストの負担配分をめぐってWHは発注元の電力会社や下請けの建設会社と提訴し合った。訴訟合戦で工事はなおも遅れ、工費は膨張。親会社の東芝は子会社の債務保証の義務を負っている。赤字が赤字を生む悪循環に陥ったのだった。

東芝の経営者は、苦し紛れで損失隠しの不正会計に手を染める。「チャレンジ」と称して部下に無理なノルマを課し、達成が難しいと粉飾が行われた。２０１５年春に不正会計が発覚し、歴代三社長を含む取締役8人の首が飛んだ。16年3月期の営業赤字は７０００億円を超え、債務超過の窮地に立たされる。経営陣は東芝メディカルを６６５５億円で売ってしのいだ。東芝株は「特設注意市場銘柄」に指定され、管理体制の改善が求められる。社会的批判を浴びた東芝は、全社一丸となって経営改善に取り組んでいると公言し、誰もがそれを信じていた。

ところが、である。16年暮れ、突然、「原子力事業で数千億円の損失が発生する」と発表したのだった。いったい東芝は何をしているのだろう。ウェスチングハウス絡みでいくらの損失を負っているのか。無駄金は使えないはずなのに損失が急拡大する理由は何か、と次々に疑問が生じる。そして、より本質的なテーマに「?」がつく。

存亡の危機なのに、どうして東芝は原発事業を続けようとするのか。WHを連結対象から外し、海外の原発事業からの撤退を表明したが、原子炉メーカーの旗はおろさない。なぜ、東芝は、言い換えれば日本は、原発を拒めないのか。原発ビジネスはとうに破綻しているのに……。

さまざまな疑問がぶつけられる場が、2017年2月14日、東京芝浦の東芝本社に設けられた。東芝は16年度第三四半期の決算発表に合わせて記者や株主に事情を説明するという。が、いざふたを開けてみると、それは、奇妙で不可解な記者会見だった。

開始予定の午後4時、大ホールにぎっしり記者やテレビカメラが入っているにもかかわらず、「会見はできるかどうかわかりません」と東芝の広報は言った。その前に急遽、決算発表のひと月先延ばしが発表されていた。その理由は、こうだ。

WHの経営者が、米原発4基の工事遅延による損失額を見積もる社員に対し、金額を小さくするよう「圧力」をかけた、と内部通報があった。圧力が管理体制の問題に波及する怖れがあるため、事実関係を調査しなくてはならない。調査に時間がかかるので決算発表を延ばすと、持って回ったような釈明がされたのである。東芝と監査法人の間で損失額の確定に手間取っているのだろう。それにしても、このまま記者会見が開かれなければ、東証一部上場企業では前代未聞の大失態となる。

「まったく企業の体を成してないな」

「隠せば隠すほどダメージが大きくなるぞ」

と、倦んだ記者たちが囁いていると、ようやく「6時30分から会見を行います」と広報が事務的に告げた。2時間半も遅れて説明会は始まった。

不可解な会見

綱川智社長は、WHがアメリカで受注した4基の建設コスト見積が「61億ドル（約6900億円）」も増えると発表した。数字は、あくまでも東芝の「見通し」で、今後の経過次第で損失が増加する可能性もあるという。ウェスチングハウスの「のれん」は吹き飛び、原子力事業全体の損失は「7125億円」。東芝は16年末で1912億円の債務超過となっていた。

「おぉーっ」と記者席がどよめく。東芝は、17年3月末までに債務超過を解消できなければ、東証二部に降格する。いっそう苛酷な事業の「切り売り」が待ち受ける。上場廃止、東芝ブランドの消滅という最悪のシナリオも浮上してくる。まさに明治の創業以来最大の危機に立たされたわけだが、奇妙なことに社長の平板な口調からは切迫感が伝わってこなかった。資料を淡々と読む声がホールに響いた。

不可解なのは、アメリカの原子力事業の損失が急拡大した理由である。東芝は、子会社WHによる原発建設会社、ストーン&ウエブスター（S&W）の買収が原因だという。買収時点では見えなかった巨額の損失が、後になってわかったと説明した。

経緯を整理しておこう。WHは、東芝が不正会計問題で上を下への大騒ぎをしていた15年夏から秋にかけて、米国のエンジニアリング大手のシカゴ・ブリッジ&アイアン（CB&I）と交渉し、その子会社のS&Wを買い取った。

その当時、東芝の不正会計の裏にはWHの財務悪化が潜んでいるとメディアが指摘すると、東芝の幹部は「経営は順調」と強弁していた。歴代社長の辞任が発表された場でも、財務担当重役はこう語った。

「ウェスチングハウスの数字は、現在まで開示してございませんが、キャッシュフロー並びに損益は8割以上が保守並びに燃料の交換でございます。買収当時に比べれば営業利益は大幅に拡大しています」

目先の収益は上げているのかもしれないが、WHが原発建設の遅れで莫大な含み損を背負うのは明らかだった。しかし、それを認めるとのれんの減損で東芝は債務超過になりかねない。WHの財務悪化を認めることは命取りであり、絶対に避けねばならなかった。

東芝がWHの経営は健全と言い募る一方で、WHは慌ててS&Wを買っている。15年10月27日付けの売買契約書の買収価格は、何と「0ドル」。タダなのである。タダで契約を結んだ後、実際の買収価格はS&Wの経営に必要な運転資本を売り手と買い手がそれぞれ評価して基準を定め、折り合いをつけて決めるとされた（運転資本調整）。東芝＝WHは、買収対象の詳しい資産評価を後回しにして買っていたのだ。いったい何のために……。

隠された損失

もともとWHとS&Wの縁は深い。問題のボーグル、サマーの4基も一緒に受注している。しかし、前述のように工事の遅れで追加原価の負担配分をめぐって訴訟合戦をくり広げていた。驚いたことにWHは「互いの争いの取り下げ」を条件にS&Wを買収している。CB&Iは、この条件をのみ、赤字を垂れ流す子会社のS&Wをタダでいいと売り渡す。後は運転資本調整で実際の買収価格を決めればよい。厄介払いをしたCB&Iは、ほっと胸をなでおろしたことだろう。

ところが、その後、買収時に見えなかった膨大なコスト増が判明し、巨額の損失が発生すると東芝側は発表したのである。細切れの情報提供で、メディア側は少々混乱していた。買収価格を数百ドル、数千ドルと推定する媒体もあった。

じつは、損失額算定の鍵は、運転資本調整が握っていた。買収契約後、CB&Iは基準より十数億ドル多い運転資本がS&Wには残っていると主張した。これに対し、東芝＝WHは9億ドル以上のマイナスとはじく。ここまで大きく食い違うことは非常に珍しい。東芝＝WHは、S&W

の経営には運転資本が21億ドル以上足りず、その分を払えと16年4月にCB&Iに請求した。慌てて夕ダで買った後で、その会社が巨額の赤字を背負っていると気づいたので補填しろ、と訴えたのである。ご都合主義の場当たり的対応だ。

当然ながらCB&Iは、まったく払うつもりはなく、話は平行線をたどる。両社の意見が食い違った場合は、第三者の会計事務所に調停を委ねることになっていた。WHが会計事務所に調停を依頼しようとしたところ、CB&Iはビジネスの紛争を扱う「デラウェア州衡平法裁判所」に調停差し止めの訴えを起こす。裁判所はCB&Iの訴えを退け、運転資本調整は調停に回された。一見、東芝=WHに有利な裁定のようだが、CB&Iは売却前にS&Wに10億ドルもの現金を投入しており、売り手の義務ははたしていたようだ。調停は進行中で結論は出ていない。

調停が決まった段階で、東芝は情報を伏せきれなくなり、「原子力事業で数千億円の損失が発生する」と公表し、奇妙な記者会見を開くことになったのだった。

三つの誤算

問題は、東芝=WHの経営陣の責任である。場当たり的な買収をしたとき、ほんとうに経営陣はS&Wが抱える損失、買収リスクを認識していなかったのか。もしも追加コストによる自社の財務悪化を隠すためにひと思いにS&Wを飲み込んだのなら、「背任」の可能性がある。

綱川社長は、記者会見で巨額損失の背景には次の「三つの誤算」があったと述べた。

・原発工事の詳細見積もりを入手したのは買収後で、コスト増加が予想を超えていた。
・実際の買収価格を決める、ＣＢ＆Ｉとの運転資本調整が一六年度中に終わらず、損失の埋め合わせ交渉も進まなかった。
・買収後の別会社への工事発注などで作業効率を三〇％改善しようとしたが、失敗した。

ボーグル、サマーの原発工事の詳細見積もりを手に入れたのが買収後というのは信じ難い。同席した原子力事業担当の畠沢守常務は、「買収に当たってＣＢ＆Ｉの財務諸表や提示資料を見た。ＣＢ＆Ｉは上場企業であり、しっかり監査を受けた諸表なので、それを信じて判断した」と弁明する。では、騙されたのか、と記者に問われ、「お話できる立場にない」と回答を避けた。

社外取締役の佐藤良二監査委員会委員長は、買収交渉段階でＳ＆Ｗの資産価値を整理しないまま確信犯的に安値で買ったのか、と訊ねられ、「そういうことではまったくありません」と語気を強めた。だらだらと続く記者会見で、唯一、緊張が走った場面だった。

この日、ＷＨの経営を最もよく知る二人は会見場に姿を現さなかった。ＷＨのＤ・ロデリック会長と、東芝の志賀重範前会長である。キーパーソンが沈黙したまま、疑いが澱（おり）のようにたまっていく。

原発ビジネスの闇の歴史

いまや原子力事業は重電メーカーの経営を蝕むがんと化した。記者会見前の東芝の役員会では原発撤退論も出た。にもかかわらず、綱川社長は平然と「再稼働、メンテナンス、廃炉を中心に社会的責任をはたす」と言う。約二〇万人の社員の行く末はどうなるのだろう。もはや「大きすぎて潰せない」「国防や原発国策を支えてきたから倒れない」と高をくくってはいられまい。

東芝の惨状は、電力市場で原発ビジネスそのものが成り立たなくなった構造的限界を如実に表している。

消えゆく原発ビジネスの深い闇が東芝を包んでいる。損失の底なし沼に東芝を引きずり込んだウェスチングハウスやストーン&ウェブスターとは、そもそもどのような企業なのか。S&Wの来歴をたどり、素性を洗えば、この会社がとうに腐っていたことに気づく。財務諸表をうのみにして買えるような代物ではなかったのである。

ウェスチングハウスとS&Wのつきあいは長い。両社の創業は19世紀にさかのぼる。WHは、ゼネラル・エレクトリック（GE）と並ぶ総合電機メーカーの道を切り開いてきた。1900年に電力会社向けの蒸気タービン発電機を初めて製造し、21年にはラジオの量産を始めた。S&Wも20世紀初頭に路面電車のシステム運営で全米に名をはせた。

太平洋戦争中、原爆製造の「マンハッタン計画」に参画したWHとS&Wはウランを調達し、核施設を建設した。WHは、戦前に三菱電機と提携しており、太平洋戦争で関係を解消するも、戦後、ふたたび手を組んだ。1953年に米海軍の原子力潜水艦、ノーチラス用のS2W炉を納入し、原子炉メーカーとして歩みだす。

57年に稼働した米国初の商業原発シッピングポートは、WHとS&Wが建造したものだ。50年代以降、WHが主契約者として電力会社からプロジェクトを請け負い、S&Wはプラント設計、エンジニアリング、施工の下請けに入った。このコンビで十数基を米国内で建設している。

60年代以降、ウェスチングハウスは加圧水型軽水炉の特許を握って、世界に約100基の原発を建造する。1979年のスリーマイル島原発の放射能漏れ事故で米国内の原発建設が止まると、WHはGEと同じく、原子炉の製造から手を引く。炉の製造は三菱に任せ、システム設計などで技術料を取るビジネスモデルにシフトした。

WHとS&Wが一緒に建てて61年に運転開始したヤンキーロー原発は、原子炉圧力容器の健全性が疑われ、再評価を経て、1992年に予定より9年も早く廃炉が決まった。良くも悪くも両社は気心の知れた仲といえるだろう。

WHの経営が傾いたのは90年代だった。スリーマイル島の原発事故後、米国では原発が建てられなくなり、収益が減った。国防費の大削減も、軍需企業のWHには痛手だった。経営者が失策を重ね、事業ごとの「切り売り」を行う。99年に電力システム部門はドイツのシーメンスへ、商用原子力部門は英国核燃料会社（BNFL）に11億ドル（1300億円）で売却された。この時点で、WHは米ペンシルバニア州に本部を構える英国資本の会社に変わったのである。

かたやS&Wの凋落は80年代に始まっていた。

ジャーナリストのグレッグ・パラストがS&Wの技術試験結果の改ざんを告発し、S&Wは原発立地の住民から提訴された。場所はニューヨーク州ロングアイランドに建てられたショーラム原発。S&Wはここで「耐震偽装」をしていた。パラストはS&Wの技術監督から秘密日誌をひき出し、報告書改ざんの証言を得ている。

「ショーラム原発は、地震が起きたらメルトダウンを起こす。少なくともそれは、この記録から明らかだ。みじめなことに、ショーラム原発は、アメリカ国内および国際的な耐震基準I（振動）を満たしていない。

私たちが掴んだ事実はこうだ。（技術監督の）ゴードン・ディックの部下ロバート・ウィーゼルは、標準的な耐震テストをおこなった。検査に合格しないことが分かって会社には報告したが、それではまずい。そこでディックはウィーゼルに、アメリカ原子力規制委員会に提出する報告書では、不合格を合格に改ざんするよう命じた。ディックにしてもやりたくはなかったが、上層部から直接命令を受けたのだった」（『告発！エネルギー業界のハゲタカたち』引用文中、カッコ内は筆者。以下同）

パラストは、米原子力規制委員会（NRC）の膨大な資料のなかからS&Wの偽装報告書を仲間とともに見つけだす。おびただしい証拠類をまとめ、88年にブルックリンの連邦裁判所に持ち込み、ショーラム原発の所有者・ロングアイランド電力（LILCO）に顧客へ130億ドルを支払う命令を出すよう求めた。

「陪審員は、ニューヨーク州知事の発言など問題にしなかった。ロングアイランド電力が四三億ドル（約五六〇〇億円）支払うことを、全員一致で決定した。ＬＩＩＣＯ社とその会長は、ストーン・アンド・ウェブスター社と陰謀を計画し、恐喝取締法を犯したという罪状だ。この原発は、一日稼働しただけで廃炉になった。泣いたヤツはいない。原発を建てるために何十億ドルも儲けたストーン・アンド・ウェブスター社も、もちろんんだ。同社は判決にもかかわらず、五万ドルの調整手当を得た」

パラストは、自著にこう記す。

「私が調査した一〇か所あまりの原発企業について、一つの例外もなく言えることがある。『不正』は、セメントや鉄鋼と同じくらい、原発建設には必要不可欠な材料だという点だ」

90年代に入り、Ｓ＆Ｗは倫理感覚をまひさせて国際的なスキャンダルとともに破産へ追い込まれる。Ｓ＆Ｗは96年にインドネシアで立ち上がった国際合弁プロジェクト、「トランス・パシフィック・ペトロケミカル・インドタマ（ＴＰＰＩ）」のエチレン関連プラント案件を9億５０００万ドルで獲得した。その際、受注額の15％強＝1億４７００万ドルを、インドネシア大統領、スハルトの親族に贈ろうとしたのである。

ボストン・グローブ紙のコラム「〝賄賂メモ〟とストーン＆ウェブスターの崩壊」（06年3月15日付）によれば、Ｓ＆Ｗは97年初頭まで英領バージン諸島の会社を介してインドネシアに送金をしようとした。外部から招いた弁護士事務所が、その違法性を指摘し、最終的にスハルト側へのキックバックは諦めたという。けれどもプロジェクトは停滞し、キャッシュフローが急速に悪化。アジア通貨危機で独裁者スハルトも失脚する。97年後半にはインドネシアのプロジェクトは「基本的に破綻」した。

経営陣は会社を潰す前に株の売り逃げを図る。98年1月にS&Wの株式時価総額は5億9000万ドル（約760億円）だったが、同年5月中旬、破産裁判所に保護申請を出したときにはすべてが消し飛んでいたという。あろうことか経営者たちは倒産のわずか数カ月前にS&Wの株式1000万株を従業員持株組織に1500万ドルで売却している。倒産によって1000人以上の社員が仕事だけでなく、退職貯蓄の多くを失った。まさに「ハゲタカ」を地でいく行状だろう。

賄賂スキャンダルが発覚し、経営者は投資家に訴えられた。ボストン・グローブ紙のコラムには、大勢の従業員を路頭に迷わせたトップは18世紀に建てられたバスルームが5つ、暖炉が4つもある邸に住み、インターネット関連の会社経営に転じたと記されている。

S&Wの歴史は、ここで途切れ、会社は競売にかけられた。入札の結果、2000年に「ショー・グループ」というプラントの配管や設備のエンジニアリング、建設、維持管理を主要事業に持つ企業が1億5000万ドル（約160億円）で落札した。S&Wは、ショー・グループの懐にもぐりこんで生き延びた。

ＷＨと北朝鮮

同じころ、ＷＨを抱える英国核燃料会社は不穏な行動をとっている。スイスに本社を置く多国籍重工メーカーＡＢＢ（アセア・ブラウン・ボベリ）の原子力部門を買収し、ＷＨと統合したのだ。会社は買収や転売されている間に歴史を失い、理念を剥ぎとられ、利益追求の「道具」に変えられていく。道具と化した会社は、政治にも使われやすい。

舞台は「北朝鮮」だった。

スウェーデンや米国で多くの原発を建設してきたＡＢＢは、「朝鮮半島エネルギー開発機構（ＫＥＤＯ）」を介して軽水炉２基の設計・基本部位提供の契約を北朝鮮と結んでいた。核開発をくわだてる北朝鮮に本気で原子炉を提供するのか、と世界各国から険しいまなざしを向けられる。その軽水炉案件を、ＷＨはそっくり引き継いで、エンジニアを北朝鮮に送って技術指導をし、基礎コンクリートを打ち込んだ。

最終的に軽水炉建設は頓挫して北朝鮮は核兵器開発にのめり込むのだが、興味深い人物がＡＢＢの取締役に就いていた。Ｄ・ラムズフェルド、元米国防長官だ。海軍出身で軍産複合体を体現するラムズフェルドは、政治家の顔だけでなく、経営者の顔も持っている。00年には、インフルエンザの特効薬タミフルの特許を持つ製薬会社、ギリアド・サイエンシズの会長職にあった。その傍ら、ＡＢＢ唯一の米国人役員として90年から01年初頭まで取締役会に名を連ねていた。（フォーチュン03年5月12日号）。

ラムズフェルドは、北朝鮮の軽水炉受注に関われる立場にあったが、そのことは一切語ろうとしない。メディアのインタビューにも応えず、黙っている。

原発ビジネスの裏側を探るために北朝鮮に目を向けてみよう。政治と原発、核開発の一筋縄にはいかない関係が浮かび上がってくる。

北朝鮮の原子炉開発が始まったのは、朝鮮戦争の休戦後だった。ソ連との間で原子力開発の合意をとりつけ、80年代に寧辺（ニョンピョン）にコールダーホール型黒鉛炉を建設した。アメリカはソ連を通じて北朝鮮に核拡散防止条約（NPT）への加盟を働きかけ、いったんは北朝鮮も国際原子力機関（IAEA）の査察を受け入れた。

しかし、国際社会は核兵器開発への疑念を深め、IAEAが特別査察を要求すると北朝鮮はこれを拒み、93年にNPTから脱退した。

翌年、米国は「核兵器開発の断念と引き換え」に「国際コンソーシアム」を通して発電用軽水炉2基の建設と毎年50万トンの原油を提供する「米朝枠組み合意」を北朝鮮と結ぶ。ふたたび北朝鮮はNPTに加わり、軽水炉建設に向けた日米韓欧の国際コンソーシアム、KEDOが立ち上げられた。当時、ABBは韓国電力公社と提携して軽水炉の開発に食い込んでおり、原子炉メーカーのなかでは優位なポジションにあった。

問題は米国の世論だった。国務省は北朝鮮を「テロ支援国家」に指定していた。原子炉供与に激しい反発が起こる。米国は、「核クラブ」と呼ばれる五大戦勝国（米英仏中ロ）だけが核兵器を持ち、その代わりNPTに加盟した非核国には原発を与え、IAEAが査察をして技術の核兵器転用を防ぐ核不拡散戦略を国是としてきた。核クラブに入っていないどころか、テロ支援国家とされる国に原子炉を供給するなどもってのほかと、世論は沸騰する。

経済を発展させたい北朝鮮は、のどから手が出るほど大量発電できる軽水炉がほしい。古い黒鉛炉では発電容量が足りない。しかしKEDOの開発はなかなか進まず、北朝鮮は苛立ちをぶつけるようにミサイル開発を急ぐ。米国内の警戒感は一段と高まった。

ラムズフェルドは、時代の風に敏感だった。98年7月、米下院の「弾道ミサイル脅威評価委員会」が立ち上がると、その委員長に収まる。ラムズフェルドの委員会は「北朝鮮の大陸弾道ミサイルは5年以内に合衆国本土への攻撃が可能となる」と検証報告を発表し、脅威を煽った。そのころ、ヘリテージ財団での講演で、ラムズフェルドはこう語っている。

「(北朝鮮との枠組み合意は)核の脅威を終結させるものではなく、ただ単に罰を先延ばしするだけのもので、北朝鮮がどれだけの爆弾材料を入手するかについては確約がないままである」

(フォーチュン03年5月12日号)

ラムズフェルドは北朝鮮の軽水炉建設には否定的で、核セキュリティ上の危機を強調した。明らかに北朝鮮の脅威を訴える側に身を置いている。

委員会の検証報告が出た翌月、北朝鮮は日本列島を越える三段ロケット、テポドン一号を発射した。脅威と挑発の間を危険な振り子が揺れるなか、ABBはKEDOを通して軽水炉2基の設計と基本部位を220億円で提供する契約を結んだのである。そのＡＢＢ原子炉部門がウェスチングハウスに統合されると、北朝鮮は軽水炉の建設許可を出した。

核開発の脅威を煽れば北朝鮮はいきり立って挑発をする。北朝鮮は腹の底では経済を上向かせるために軽水炉がほしいと願っている。そこで、裏ルートでそっと軽水炉提供の話を持ちかけ、国際コンソーシアムを結成させてメーカーを統合する。そんな仕掛けに政治家がかかわっていたとしたら……。古い言い回しだが、これをマッチポンプという。危機を演出して、そ知らぬ顔で巧く立ち回り、利益を得る行為だ。ラムズフェルドは、北朝鮮とＡＢＢの取引について口をつぐむ。だが、関係者は「知っていたはず」と語っている。

「（ＡＢＢ職員は）そのような巨額の重要な案件の場合は、複雑な法的責任問題も絡むために、取締役会の監査を通さないことはありえないという。『おそらく契約締結前に、事業概要を記した書類が役員会で提示されているはずです』。ＡＢＢ社米国支社核開発事業部の前社長で、当該事業を指揮したロバート・ニューマン氏は言う。『役員なら当然知っていたはずですよ。』」（同前）。

ラムズフェルドは、01年1月、ＡＢＢの役員を辞めてＧ・Ｗ・ブッシュ政権で国防長官に就任した。石油産業界出身のブッシュ大統領は、真っ先に「国家エネルギー政策」に手をつける。石油掘削会社ハリバートンの最高経営責任者から副大統領に抜擢されたチェイニーを中心にエネルギータスクフォースが設けられ、国内のエネルギー生産を増大させ、原油の輸入依存度を減らす方向が示された。原子力はクリーンなエネルギーと喝采を浴び、原発新設を推し進める方策が練られる。国防長官のラムズフェルドは、つい昨日まで北朝鮮の脅威を言い立てていたのが嘘のように軽水炉建設をサポートする。エネルギー省と協議をして北朝鮮への原子力技術供与に承認を与えた。WHの技術陣は北朝鮮に乗り込み、サイトの掘削を始めた。

そのまま何事も起きなければ、米国の国家エネルギー政策が取りまとめられ、米国や北朝鮮の原発が新設できたかどうかはともかく、政策的な追い風が吹いただろう。ことによれば東芝のWH買収も早まっていたかもしれない。

時代の風向きは「9・11米国同時多発テロ」で一挙に変わった。ニューヨークの世界貿易センタービルが航空機テロで崩れ落ち、米政府の政策主題は「テロとの戦い」一辺倒となった。エネルギー政策は後景に退く。

ラムズフェルドは、スピードと効率重視の軍改革を断行し、単独行動主義を強めてアフガニスタン侵攻やイラク戦争へ国を導く。ブッシュ大統領は、02年1月の一般教書演説で北朝鮮、イラン、イラクを、大量破壊兵器を開発、保持する「悪の枢軸」と名指しで批判した。

不思議なことにブッシュが北朝鮮を悪の枢軸と罵る裏側で、軽水炉建設は淡々と行われていた。WHは、同時多発テロの3日後、原発サイトで北朝鮮高官が居並ぶ起工式を執り行った。02年8月には軽水炉の建屋基礎部分へのコンクリート初注入の式典が催され、WHは技術訓練プログラムの支援を買って出る。その直後、北朝鮮は、極秘のウラン濃縮を認めた。怒った米国が50万トンの重油供給を止めると、02年末、北朝鮮は黒鉛炉や燃料加工工場、再処理施設などの核施設の凍結を解いた。ＩＡＥＡの査察官を国外退去させ、03年1月にＮＰＴからまたも脱退する。

ブッシュ政権は、ＮＰＴを離れた北朝鮮の原発開発事業に３５０万ドルの予算を承認している。北朝鮮の軽水炉建設は03年末まで行われた。

ラムズフェルドが指導したイラク戦争は、あるはずの大量破壊兵器が見つからず、大義を失った。バクダッドの西のアブグレイブ刑務所で米軍が捕虜を虐待していた事実が判明して米国の道義的威信は地に落ちる。イラクは国家が崩壊し、権力の裂け目から「イスラム国（ＩＳ）」が台頭。中東は殺戮の地に変わっていく。

北朝鮮と、ＡＢＢ原子炉部門を吸収したＷＨとの不透明な関係は、06年5月、ＫＥＤＯ理事会で軽水炉プロジェクトの終了が決定し、一応の区切りがつけられた。この間、莫大な資金がプロジェクトに流れ込んでいるが、ＷＨにいくら渡り、どれだけの金が政治家や財界人に還流されたのかはまったくわかっていない。

「原子力ルネッサンス」

政治が濃く影を落とすＷＨとＳ＆Ｗは、ともに親会社に憑依して原発ビジネスに活路を求めた。米国で原発新設を再開させ、受注しようと動きだす。しかし、両社とも往年の勢いはなく、資本は細り、売られた身である。新設は何十年も止まっており、先進国の原発離れは進んでいる。流れを変えるには大スポンサーを見つけなければならない。

そこに東芝が灯火に引き寄せられる生きもののように近づいていく。東芝は国内の原発受注の低迷を憂え、世界進出の足がかりを渇望していた。それぞれが野望を燃やしてはいたけれど、原発事業は斜陽化し、閉塞感が漂っていた。

その停滞状況を、ブッシュ政権が巻き返しにかかる。オセロゲームで一枚のコマが白に変わっただけで周辺の黒コマが一斉にひっくり返るように、一本の法案が形勢を逆転した。２００５年に成立した「包括エネルギー政策法」案である。

「テロとの戦い」がひと段落したブッシュ大統領は、二期目に入るとすぐに「包括エネルギー政策法」の策定にとりかかる。中断していた国家エネルギー政策がまとめられる。05年4月に下院に提出された法案は、修正をへて夏に可決、成立した。

包括エネルギー政策法には、原発を新設するためのメニューがずらりと並んだ。新設に対してエネルギー省長官がプロジェクトコストの８割まで貸付保証をする。税金も優遇し、投資保護も手厚く行われる。

目を引くのは原発の新設工事が遅れた場合の政府支援だ。最初の新プラント2基には遅延コストの１００％（最高5億ドル）、次の3基目から6基目まではその50％（最高2億５０００万ドル）まで国が提供する。米原子力規制委員会（ＮＲＣ）が検査や試験、分析、受け入れ基準のスケジュールを守れなかったり、訴訟で工事が遅れたりした際のコスト増を政府が補うのだ。工事の遅れは織り込み済みだ。米政府はさらに原発を建てる電力会社の債務保証も行う。海外に出れば建設が遅れるのは業界の常識だった。

米政府は原子力研究開発と水素プロジェクトに対して、29億5000万ドルの補助金を用意する。ブッシュ政権は札束を積んで新設の扉をこじ開けようとした。

法案が成立する前からルイジアナ州、ニューヨーク州、サウスカロライナ州などで原発新設を支援する州議会決議や知事の支持表明が次々と出される。こうした動きは「原子力ルネッサンス」と呼ばれ、アジア、欧州にも波及していく。経済成長著しい中国は、原発に消極的だった従来の方針を改め、積極的に開発する方向に転じた。

経産官僚の海外への野心

米国の原子力ルネッサンスに最も忠実にすばやく反応したのは、日本の経産省資源エネルギー庁だった。今井尚哉次長（現内閣総理大臣秘書官）と柳瀬唯夫原子力政策課長（現経産省経済産業政策局長）は原発の海外展開へアクセルを踏んだ。

柳瀬は、原子力業界のオピニオン誌「原子力ｅｙｅ 05年8月号」の巻頭座談会に東芝の執行役専務・庭野征夫（のちにウェスチングハウスの持株会社会長）とともに出席し、次のような発言をしている。


「原子力ビジネスは、どこの国でも官民一体となって売り込みにしのぎを削りますし、核不拡散問題との調整も行います。そうしたなかで、片や日本は世界の常識から見ると、政府がやや距離を置いて、よくいえば中立的で、『民間のビジネスの話』という傾向がありました。ところが、今申し上げたようなアジアのエネルギー問題、あるいは国内の原子力産業の技術、人材の維持ということの重要性等を考えると、やはり日本も政府が一歩前に出るべきではないかということで、積極的姿勢に転じることにいたしました」

政府は海外進出を積極的に後押しする、と柳瀬は明言し、具体例をあげる。

「今回、日本のプラントメーカーが米国企業とコンソーシアムを組み、中国の原子力発電所建設プロジェクトに応札するにあたり、中川昭一経産大臣が中国の副総理に宛て、日本の原子力産業が中国に出ていくことに対して日本政府として最大限支援するという意思表明の書簡を出して、日本政府の意思を明確にされたことが、その象徴です。

また、これは経産省だけではなく、外務省、総理官邸と極めて高いレベルで調整をした上で出した、日本政府としての意思表明です。政府が一体となった意思表明ですので、中川大臣のレターと同じタイミングで、日本貿易保険、国際協力銀行も支援に前向きであるという意思表明を中国に対して示しました」

中国への積極的なアプローチが語られているが、重要なのは米国企業とのコンソーシアムを組むことだ。柳瀬は「単純な民間ビジネスと原子力はかなり違いがありますから、戦略的に取り組むという意味でも、日米連合で進めることは日本として大変大きい意味がある」と力を込めて言う。原子力産業の日米連合、「日米一体化」を経産官僚は志向していた。

柳瀬の発言を受けて東芝の庭野は、こう返す。

「原子力というのは、安全が第一という技術的な問題がありますが、それよりもまず、巨大な投資が必要であることと、長くそれらを維持していくためには、何らかの形で国と国の保証のようなものが、安心材料として必要になります。

そのためには、どうしても国のレベルで相手国にどう対応するのかという明確なメッセージのようなものを、常に、相手側から求められます。それだけに今回、いろいろと中川大臣書簡も含め、政府として明確な支援の意思表示をしていただいたことは、メーカーにとって非常にありがたい」

庭野は、今後、海外での原子力ビジネスは大いに加速すると胸を叩く。そのうえで、実際に原発を輸出しようとすれば、海外市場に適した設計変更や合理化も求められる。手間取ればコストが上がる。リスクを避けるために、こんな注文を政府に出した。

「海外にそういう設計変更等を含めた独自の技術を持ったものを輸出するということになると、相手国が審査はもちろんするにしても、その安全性とか信頼性というものは、やはり輸出する側の国のある程度のコミットメントが必要になります。
特に新規に原子力発電を導入する国というのは、これまでの経験・実績がまったくないので、そうした仕組みをいずれつくっていただきたいと思います。もっと端的に言いますと、アメリカではすでにそのようになっていますが、型式認定的な許認可とか、（略）非常に役立つのではないかと思い、期待しています」

東芝の庭野は、米国流の許認可の制度を新興国にも適用できるようにしてほしいとリクエストした。海外進出にやる気満々だ。機会さえつかめれば日本を飛びだしたい、と東芝の経営陣は渇望していた。

そこに朗報が届く。英国核燃料会社がウェスチングハウスを売りに出したのである。WHを抱える英国核燃料会社は、財務内容が悪化していた。英政府が大多数の株を持つ同社は、民間企業のWHの扱い方に頭を抱え込んだ。自国の原子力プロジェクトにWHを参加させると、官の我田引水と批判を浴びる。逆に加えなければ、技術力がないのかと見くびられる。手づまり状態に陥り、赤字は数百億円単位に達した。英国核燃料会社は、広範な原子力産業再編のスキームに組み込まれてゆく。

英政府の老朽原子力施設の廃止方針によって「原子力廃止措置期間(NDA)」が創設されると、英国核燃料会社の資産はすべて移管された。解体と統合の過程で、米国の包括エネルギー政策法の成立と同時期の05年7月、WHの売却計画が公表される。、まさに軌を一にしたタイミングだった。その資産価値は18億ドル(約2000億円)と見積もられた。

売却先は国際入札で決定されることとなった。国内で沸騰水型17基の建設にとどまる東芝は、入札に飛びつく。加圧水型100基の実績を持つWHを買えば世界に商圏が広がる、と……。

スーパートップと「日米一体化」

ウェスチングハウスは英核燃料会社が保有していたとはいえ、実態は米国の会社だった。ペンシルバニア州に本拠を置き、世界各地にネットワークを張っていた。米国政府は、WHの存続に気を揉む。原子力ルネッサンスで米国内に2020年までに30基の原発が新設されると前景気を煽り、さまざまなアメを用意したけれど、米企業や投資家はWHに食指を動かそうとしなかった。「原発事業は核戦略とセットで生まれた不完全なビジネスで、時代遅れ」「有望なシェールガスやLNG(液化天然ガス)の火力発電に比べれば、リスクが高すぎる」と投資家たちはシビアに眺めていた。

WHの買収に名乗りを上げたのは、東芝、三菱、そしてフランスのアレバだった。GEも日立と組んで入札に加わったが、関心は低かった。東芝と三菱の争奪戦といった様相を帯びてくる。半世紀ちかくＷＨと提携し、最新炉「ＡＰ１０００」の開発に協力してきた三菱の相場観は「２０００億円から高くても３０００億円」だった。

そこに猛然と東芝が攻勢をかける。二度、三度と入札がくり返され、値段がどんどん引き上げられる。実質的に買収を仕切ったのは、社長の西田厚聡ではなく、会長だった西室泰三だといわれる。西室は「スーパートップ」と呼ばれ、東芝に君臨してきた。その力の源泉は米国政財界とのコネクションであった。

西室は、１９３５年、山梨県都留市の染色業の家に生まれている。二年の浪人を経て慶應大学経済学部に入学し、バスケットボールの五輪強化選手に選ばれた。大学在学中にカナダのブリティシュコロンビア大学に留学し、61年に東芝に入る。彼の「出世」を語るうえで欠かせないのが「英語の巧さ」である。経済誌の重工担当記者は言う。

「カナダではアルバイトをしながら留学生活を送ったので、スラングとか、生きた英語が得意で、コミュニケーションが抜群に上手でした。60年代の東芝で、そこまで英語ができる人はいなくて、若いころから重宝された。鍵は英語力ですよ」

日米貿易摩擦の真っただ中の87年、「東芝機械ココム違反事件」が発生した。東芝の子会社が共産圏に輸出した工作機械によってソ連の潜水艦技術が進歩し、米軍に潜在的危険を与えたとして米議会は対日制裁へ傾いた。怒りの底には貿易赤字の増大がある。東芝は３兆円の損害賠償を要求され、米国からの永久追放を突きつけられる。制裁緩和に向けて、東芝は空前のロビー活動を展開した。結果的に制裁法案は議会を通過したが、実質的なダメージのない「三年間の政府調達禁止」で幕を引けた。

このココム違反事件の渦中で半導体営業統括部長だった西室は、「こういうときこそ、お客さんに会いに行こう」と社員を鼓舞して率先垂範。社内の評価が高まった。94年に海外メーカーを巻き込んでDVD規格の主導権争いを制し、トップの座へと登りつめた。

社長の座についた西室は、歴代の東芝トップが仰ぎ見てきたGEの最高経営者、ジャック・ウェルチとファーストネームで呼び合う仲となる。「タイゾー、バイアグラはすごいぞ。おまえも使うか」とジョークを飛ばす間柄だという。

ウェルチといえば、リストラと企業買収・合併（M&A）による「選択と集中」の元祖だ。西室は、ウェルチを模倣してGEの「社内カンパニー制」を東芝に採り入れ、事業部ごとの結果責任を厳しくした。西室が英語遣いで抜群の政治力があるのは間違いない。ただ、それらは「手段」であって「目的（経営）」とは別ものだ。よく切れる包丁を持っているからといって料理が上手いとは限らない。現実に西室が社長を務めた96年度からの4年間、東芝の純利益は前年度比マイナス233億円、マイナス597億円……と減り続けた。業績は悪化したにもかかわらず、なぜか西室の存在感は増していった。

05年、会長の西室は、国際派の西田を社長に抜擢する。この人事は社内外で「東芝の快挙」と讃えられた。西室は、世界に打って出る後継者に西田を指名したのである。

西田の歩みもユニークだ。東大大学院で「西洋政治思想史」を修めた西田はイラン人女性と結婚し、73年にイランの東芝現地法人に入社している。西田は欧州でパソコン事業などを手がけ、東芝本社に戻って頭角を現す。東芝は、ココム違反事件で煮え湯を飲まされた後、貿易管理には神経を尖らせるようになった。外国人の、しかも「規制対象国」のイラン（米国務省はテロ支援国家に指定）の女性を伴侶に持つ人物が社長に就くのは、確かに「快挙」であろう。

西室―西田の国際派コンビは、ウェスチングハウスの巨額買収を断行した。

06年1月、東芝は、英国核燃料会社の推定資産価値の3倍、54億ドル（6470億円：持ち株比率77％）でWHを落札した。それで一件落着とはいかなかった。米国内で安全保障上の問題が燃え上がったのである。対米投資委員会（CFIUS）が動きだした。

当時、東芝米国上席社長兼ワシントン事務所長だった角家哲雄は、東洋経済オンライン14年12月28日の対談記事で、こう回想している。


「ウェスティングハウスは原子力の会社なので、買収するには対米投資委員会というところを通さないといけないんですよ。原子力というエネルギー安全保障の要に関する会社を外国企業が買収すると国家安全保障に影響が出るので、そういう買収案件は財務省が委員長になって、14の省庁で審議をすることになっている。その14の省庁さえOKならいいかといえばとんでもなくて、法律には書いていないところで議員がいろいろと介在してくる。ですからよき企業市民としての社会貢献活動や日頃から議員とのコミュニケーションに努めることがものすごく大事です。議員の相関関係や選挙区の利害関係なども頭に入っていないと、とんでもないスイッチを押してしまって逆効果になりかねない」

ココム違反事件の時期から米国に根を張ってロビー活動に取り組んできた角家らしい発言だ。WHの買収でも案の定、下院議員から猛烈な横槍が入った。下院議員が「ウェスチングハウス買収に関する要請文」を米政府に送り、外国企業への売却は安全保障上の問題がある、と訴えたのだ。もともとWHは、原爆製造の原子炉を潜水艦の駆動用に改造したところから原発開発を始めている。米国では原発と核兵器の技術は一体とみなし、安全保障と結びつける。買収を成就させるには、米政界に強い影響力を持つロビーストが必要だった。反対する議員や政府関係者にいかに買収が米国の国益にかない、将来性があるかを説いて同意を得なくてはならない。ここで西室の人脈がものをいった。

西室に関しては「元ゴールドマン・サックス証券の社長で、ニューヨーク証券取引所会を経て、メリルリンチ証券現CEO（最高経営責任者）ジョン・セインが『西室は無二の親友だ』というほど」（プレジデント08年10月13日号）米国側の信認は厚い。

東芝は、駐日米国大使を退任したばかりのハワード・ベーカーにロビーストとして白羽の矢を立てる。ベーカーは、ブッシュ政権発足と同時に駐日大使に任命され、自衛隊のイラク派遣など日米間の重要案件では大物ぶりを発揮した。退任後はシティグループの顧問に就いていた。西室は、ジョン・セインら金融界とのパイプも使ったのかもしれない。

ベーカーは東芝のために熱心にロビー活動を行った。その費用は明らかにされておらず、東芝関係者は舞台裏を喋ろうとしないが、貴重な映像が残っている。08年10月26日に放送されたNHKスペシャル「〝アメリカ〟買収～グローバル化への苦闘」である。この番組でベーカーは、次のように語っている。

「東芝は買収に当たって、隠しごとをするようなことはありませんでした。他の国の企業が買収するのとは違います。日本は、アメリカと運命をともにする関係になってきました。昔のような対立がなくなったことも、買収を可能にしたのです」

ベーカーの言う「アメリカと運命をともにする関係」、つまり「日米一体化」が東芝にウェスチングハウスを買収させた原動力だった。東芝がWHを買収したころ、日米一体化は軍事、産業、社会システムなど多分野で同時並行的に進められていた。

たとえば、06年5月、日米両国は、米軍の地球規模での再編のためのロードマップに合意している。沖縄の負担軽減という名目で、米軍と自衛隊の共同運用、普天間飛行場の辺野古移設や、

8000人の海兵隊員と家族9000人のグアム移転が決まった。費用負担は日本側が圧倒的に重い。グアム新基地建設の費用103億ドルのうち、61億ドル（約7000億円）の負担が日本に課せられる。

日米は運命をともにすると言っても主導権は米国が握っている。米軍の指揮下に自衛隊が入ることはあっても逆は考えられない。日米一体化とは新しいパターンの対米従属でもあった。産業界では国策に忠実な東芝が日米一体化へと突き進む。その背中を強く押したのは経産官僚だった。

日米一体化シナリオがはらむ潜在的リスク

資源エネルギー庁原子力政策課長の柳瀬唯夫は、06年夏に「原子力立国計画」をまとめて原発増設を掲げ、「国際展開支援」を打ち出した。そしてワシントンに足繁く通い、「日米原子力エネルギー共同行動計画」を立案する。日米一体化のシナリオが描かれた。

日米共同行動計画には、新規建設に向けた日米政策協調を筆頭に、核燃料サイクルの技術開発や核燃料の供給保証メカニズム、途上国への原発導入の調整などが組み込まれた。柳瀬は、07年6月27日の講演で、日米共同行動計画を下敷きにこう語っている。

「アメリカは三〇年ぶりで原発の新規建設をやろうとしているわけですが、三〇年もやっていないものですから、まず原子力メーカーに製造能力がない。それから金融業界には原発の新規建設のリスクの審査をした人もみんな引退していないということで、リスクのアセスができない。したがって、自分だけではできない、日本の協力が必要だ、ということです」（「エネルギー・資源」07年7月号）

対米従属とは正反対のことを言っている。東芝のウェスチングハウス買収は、日米の政官界が描いた一体化構想のパーツのひとつだった。それにしても54億ドルという買収額は常軌を逸している。約20％の出資を前提に共同歩調をとっていた丸紅が、「巨額投資の採算が合わず、社内基準に適合しない」（日経新聞06年10月5日付）と土壇場で下りたことからもわかるだろう。

元東芝の原子力部門の幹部技術者は、次のように語った。

「国内の原発建設は先細り、東芝は世界に出たがっていました。世界に出るには加圧水型が欲しかった。とくに最新型のＡＰ１０００は商業運転されていませんが、自然循環で熱が取り除けて安全性が高いということで、中国が導入に熱心でした。でも、自力では無理だから、ＷＨをそっくり買収しよう、となった。だけど、ウェスチングハウスと一緒にＡＰ１０００を開発してきた三菱の連中は、怒り狂っていました。横どりされるのだからね。長年東芝と提携してきたＧＥも、飼い犬に手を咬まれて、もう知らない、と日立とくっついた。あんな大再編は東芝の経営判断だけでは絶対に不可能です。政治が動かなきゃ。まぁ買収したとはいえ、ウェスチングハウスに東芝は強く言えない。世界では、圧倒的に向こうが上ですから」

原子力事業の日米一体化の悲しい現実が、この証言に表われている。

日米連合どころか、現実には加圧水型原子炉の中枢技術、核分裂反応や核燃料の設計に関するソフトウェアは米国製に依存しており、日本側は手だしができない。原子炉の材料規格も米国基準だ。日米一体化は官僚や営業上がりの経営者が抱いた幻想にすぎず、技術的には親会社が子会社に従わねばならなかった。買収後も東芝はＷＨの経営を掌握できていない。これが巨大損失の根本的要因だ。日米一体化という名の従属関係こそが危機の淵源なのである。

じじつ、06年10月17日の「ウェスチングハウス社株式取得完了説明会」では、ＷＨとショー（＝Ｓ&Ｗ）の「近すぎる関係」の経営への影響が不安視されている。当初、ＷＨに対する東芝の出資比率は77％で、戦略的パートナーに選んだショー（＝Ｓ&Ｗ）が20％、石川島播磨重工が３％の株を保有した。

ショーは、前述のようにインドネシアへの贈賄スキャンダルが発覚して倒産したストーン&ウェブスターを競売で買った会社である。テキサスのガラガラ蛇みたいな連中が顔をそろえた。ＷＨとＳ&Ｗは、主契約者と下請けのエンジニアリング会社の関係で原発をつくってきた仲だ。経営破綻を経験した両社は、めぐりめぐって東芝という大スポンサーを巻き込み、原発事業で手を結んだのである。

ＷＨ株式の取得完了説明会で参加者が東芝の役員に質した。

「ショーはウェスチングハウス社のＥＰＣ（エンジニアリング、調達、建設）に関して独占的に行う権利を有しているそうですが、ショーは今後、すべてのエンジニアリングを独占的に担当する契約になっているのか」

ショーが表に出ているけれど、ＷＨと一緒に原発をつくるのは子会社のＳ＆Ｗだ。両社の独占契約は馴れ合いに陥りやすく、競争力が損なわれかねない。東芝側が答える。

「パートナーとしてショーは独占的な権利を有しているが、ショーが競争力を持つ建設・配管等の分野が中心で、顧客の要望や個々のプロジェクト遂行能力の観点から例外もある」

ショー（＝Ｓ＆Ｗ）を外すことは「例外」的にしかできないと東芝側は認めている。ショー（＝Ｓ＆Ｗ）には投資リスクを回避する道も用意されていた。質問が飛ぶ。

「ショーは、東芝に20％の株式の買取りを請求できる権利を有しているそうですが、そうした権利を付与した理由を教えてください」

「当社とパートナーが長期的に事業を推進するため、契約では出資後６年間の株式譲渡を原則禁止しています。株式の買い取り請求権は、少数株主保護の観点から付与しています。通常の合弁契約で入りうる項目なので、特殊とは考えておりません」と東芝側は平静を装った。ショー（＝Ｓ＆Ｗ）は６年我慢すれば、堂々と株式の買い取り請求ができることになっていた。株を売れば現金がどっさり入り、次の局面が開ける。米国企業の関心の的は常にキャッシュフローだ。危機の種子はＷＨ買収の条件のなかに潜んでいた。

カザフスタン進出

一方、東芝は、WH株の保有率を下げて投資リスクを減らそうと動いた。しかし、欧米の企業は興味を示さなかった。ここで中央アジアの新興国が急浮上してくる。世界屈指のウラン資源国で核関連施設が数多く点在するカザフスタンだ。

東芝がWH株10%の譲渡先に選んだのは、カザフスタンの国営企業、カザトムプロムだった。東芝は、カザフスタンのウラン鉱山開発プロジェクトへの参画と引き換えに株式の保有を持ちかけている。07年8月、カザトムプロムは10%のWH株を5億4000万ドルで買い受け、東芝のWH株保有率は67%に下がった。東芝を中央アジアに導いたのはまたもや経産省だった。柳瀬原子力政策課長は、カザフスタンへの進出について、こう語っている。

「カザフスタンは原子力発電所が欲しいと思っているわけですが、最大の課題はロシアとの距離のとり方です。『ロシアからは離れられない。ロシアについていくしかない。しかし、ロシアの奴隷にはなりたくない』というのが（初代大統領の）ナザルバイエフの考えていることの九割だと思うんです。

ロシアに対抗する力を持つためには原子力大国の日本と組みたいということで、日本原燃あるいは東芝、その後ろにウェスチングハウス、こういったところに原子炉導入の支援をしてもらいたい、こういうことです。ここに日本政府の資源エネルギー庁のお金も入れて、人材育成

支援とか、安全規制を教えてあげるとか、そういうことをやろうと思っているわけです」（「エネルギー・資源」07年7月号）

高速増殖炉の開発では、日本よりもカザフスタンのほうが進んでいた。柳瀬は「炉心溶融（メルトダウン）」の研究でカザフスタンと提携するとも述べている。

「日本原子力研究開発機構は、高速炉開発に本気になって二〇二五年に実証炉をつくろうと思っても、日本で炉心が溶け出すような事態を実験して安全データを取らせてくれるような地域があるとはとても思えないわけです。

ところが、カザフスタンは立派なことにちゃんと実験炉を持っているんです。したがって、安全データをカザフスタンのほうで取って、実際に炉心溶融が起きたときにうまく再臨界を起こさずに下に溶け出していけるかどうか、という安全試験をカザフスタンでやるというようなことで、うまくデコボコになっていて、相互補完になっているので、今回これほど大きな戦略合意に至ることができた」（前同）

いとも簡単に「炉心溶融」を口にし、外国の研究機関に研究を委ねればいいと言う。キャリア官僚の、この「軽さ」は何に由来するのだろう。一方で「去年からずうっと何度もワシントンへ行って」と自慢げに語っている。柳瀬は東大法学部を卒業後、米国イェール大学大学院国際開発経済学科を終了している。頭の中はとうに日米一体化していたのだろうか。

膨張する工費

こうして東芝はWHを子会社にしたものの、原子力ルネッサンスはかけ声倒れで、新設はなかなか進まなかった。9・11米同時多発テロ後、米原子力規制委員会（NRC）は航空機の攻撃にも備えた特別対策「B5b」の義務づけを各原発に命じ、追加費用がかさんだ。

日本国内の原発事業にも光は差さなかった。新潟県中越沖地震が発生すると、東電柏崎刈羽原発の1～7号機、すべての原子炉が止まった。3号機横の変圧器から出火し、消し止めたものの発電所全体の被害は大きく、稼働停止が長引く。最新の7号機の営業運転まで2年半ちかくかかる。高速増殖炉もんじゅ、青森県六ケ所村の再処理工場やウラン濃縮工場でも事故や故障が続発し、これらの施設はほとんど停止したまま歳月ばかりを重ね、公費が垂れ流される。

東芝の傘下に入ったWHは、07年に中国の三門原発、海陽原発各2基、08年に米国のボーグル原発、サマー原発各2基を新型炉のAP1000で受注した。東芝本体も東京電力、米大手電力会社と組み、米国のサウス・テキサス・プロジェクトで「改良型沸騰水型軽水炉（ABWR）」を建設し、運用する契約をまとめた。

ただ、買収から2年が経っても、WHの13人の役員のうち日本人はふたりだけだった。実態的には子会社のＷＨが親会社に寄生し、資金を吸いとっていた。買収の経緯を追ったドキュメンタリー番組で、元東芝の原子炉技術者が苦々しく語った。

「当初、東芝は加圧水技術を引き込もうとしてましたが、そんなに甘くはない。東芝とＷＨでは技術文化も、使う言葉も違いますしね。買収後も加圧水型はＷＨの独擅場です。世界ではＷＨの『顔』でしか原発は売れません」（ＮＨＫスペシャル〝アメリカ〟買収～グローバル化への苦闘）

ＷＨ頼みのＡＰ１０００の開発は難航した。ＷＨが約７６００億円で受注したレビィ・カウンティ原発は、米原子力規制委員会の建設・運転一括認可（ＣＯＬ）が取れず、計画遅延が発表された後、契約を解かれた。ＡＰ１０００開発の困難さを、プラント技術者は、こう指摘する。

「契約形態にもよりますが、実績のない原発をつくるのは難しい。たとえば中国は技術を握りたいから、プロジェクトの分割発注をしがちです。そうすると全体のマネジメントがネックとなります。実際に納品された部品に不具合があったりすれば、いち早く手を打ってドラスチックに変更しなくてはならない。総合的にコントロールできるエンジニアリング部隊が必要なのですが、中国にはまだ無理です。非常に危険な状態なのです」

ＡＰ１０００の建設は滞った。

そこに福島原発事故が発生し、原発建設に世界的なブレーキがかかる。東芝が東電と組んで米国に進出するはずだったサウス・テキサス・プロジェクトは、東電が撤退して凍結される。ＡＰ１０００の工事も遅々として進まない。雪だるまが転がるように工費は膨らんだ。鬼は弱り目に乗る。ショー（＝Ｓ＆Ｗ）は保有するＷＨ株20％の買い取り請求を東芝に突きつけた。食うか食われるか、パートナーシップもヘチマもないのである。

13年1月、東芝は１２５０億円をショー（＝Ｓ＆Ｗ）に払ってＷＨ株を買い取った。まるで現金自動支払機のようにキャッシュを吐き出す。翌2月、現金ががっぽり入ってキャッシュフローが好転したショー（＝Ｓ＆Ｗ）を、獣が獲物を狙うようにシカゴ・ブリッジ＆アイアン（ＣＢ＆Ｉ）が買収してのみ込んだ。

この目まぐるしい買収劇をＷＨの経営陣はどう眺めていたものだろう。はたして無関係だったのか。Ｓ＆Ｗは、親会社をＣＢ＆Ｉに乗り換えて原発ビジネスに食らいついた。

このように巨額損失の顚末を記しただけでも、いかに東芝が食われ続けたかおわかりいただけるだろう。この間、東芝の経営者は損失を隠そうと不正会計に手を染めていた。損失に怯え、責任を回避しようと不正をくり返す。２０１５年春、ついに不正が発覚する。東芝崩壊への幕が切って落とされた。

不正発覚と政治の影

発端は、内部告発だった。15年2月、証券取引等監視委員会は、東芝関係者の「不正な会計処理で利益を水増ししている」という内部通報を受けて開示検査をした。東芝は社内に特別調査委員会を設け、5月には元東京高検検事長を委員長とする第三者委員会が調査を開始する。弁護士、公認会計士、約100人が、2か月かけて、役職員210人へのヒアリングと膨大な関連資料の読み込みを通して不正の実態を調べ上げた。

第三者委員会は調査報告書を公表し、08年度から14年度第3四半期までの6年9カ月の間に1562億円の利益を水増しした事実が明らかとなる。その後、不正会計の額は2248億円に増えた。コーポレートガバナンス（企業統治）の優等生といわれていた東芝の組織ぐるみの不正とあって国内外に衝撃が走った。調査報告を受けて、西田厚聰、佐々木則夫、田中久雄の歴代3社長が辞任をした。

不正な手口のほとんどが損失の先送りだった。たとえば、電力関連のプロジェクトを受注したものの資材の高騰や設計変更、追加工事、為替レートの変動などで工事原価が増加し、赤字工事に変わる。しかし工事原価の増額修正を行わず、いずれコスト削減で赤字を埋められるだろうと損失を隠した。あるいはテレビ事業で取引先の請求書発行を遅らせ、広告費や物流費の計上を先送りする。パソコン事業では部品の押し込み販売で、一時的に利益をかさ上げした。半導体事業でも在庫が増えて損失が生じていたにもかかわらず、廃棄するまで評価損を計上しない……と、その場しのぎの損失隠しが行われていた。

名門企業といわれる東芝のエリート社員が、経営トップの黒字化への厳命があったとはいえ、これほど拙劣で愚かな不正を長年くり返してきたのは異常だった。上意下達で部下が上司にものを言えない、風通しの悪い企業風土が不正の温床だったにしても、すぐばれるような嘘をつき続けたのは、そこまで財務が悪化していたからだった。

収益を圧迫したのはWHの買収額と純資産の差額、いわゆる「のれん」である。会計上、東芝はWHの買収を通して4011億円ののれんを資産計上した。これが大幅に棄損していたにもかかわらず、債務超過を怖れて一度も減損をしていなかった。

不正会計の構図を月刊誌（世界15年9月号）で解き明かした会計評論家、細野祐二は、私のインタビューにこう答えた。


「米国会計基準を採っている東芝は、『のれん』の償却に代えて『減損テスト』を行って、その資産性を定期的に確認しなくてはいけないわけですが、事業計画書の作文しだいで『減損』を避けることができるのです。減損テストでは、対象事業の向こう5年程度の事業計画を立て、それをもとにした将来キャッシュフローで減損の要否が判断される。6年目以降のキャッシュフローは、5年目のキャッシュフローが一定の条件で永久に継続すると仮定する。つまり事業計画書の作文しだい。受験エリートの東芝社員は作文が上手です」

不正会計のもとをたどれば、WH買収にいきつく。その経営判断を主体的に行った西室泰造の責任も問われて然るべきだろう。しかし、辞任した歴代社長と取締役のなかに西室は含まれてはいなかった。官邸から経産省に「西室だけは守れ」と指示が飛んでいた。経済誌の記者が語る。

「不正会計問題にメディアが飛びついたころ、西室さんは政府の『戦後70年談話に関する有識者会議（21世紀構想懇談会）』の座長でした。この懇談会の報告を受けて安倍総理が終戦記念日に歴代内閣の姿勢を継承する談話を発表するわけですが、そこに影響が及ばないように『西室だけは守れ』と指示が出たと経産省の人から聞きました」

官邸が西室を守ろうとした理由は、戦後70年談話の件だけではなかったと考えられる。東芝の不正会計が発覚したとき、西室は民営化された日本郵政の頂点にいた。経営の第一戦から退いていた西室が日本郵政社長の座についたのは、官邸とくに菅義偉官房長官の意を体した人事といわれている。西室が差配する日本郵政は、その年の秋に国論を分かつ株式上場を控えていた。官邸は不正会計事件の波紋が日本郵政に及ぶのも避けたかったに違いない。日本郵政の株式上場も日米一体化のパーツのひとつであった。

くり返される「日米一体化」シナリオ

２０１５年11月４日、日本郵政とかんぽ生命、ゆうちょ銀行の株式同時上場を告げる鐘が、「カーン、カーン、カーン……」と高らかに鳴り渡った。東京証券取引所で真っ先に鐘を叩いたのは、西室泰三だった。郵政三社の上場を、米国の政官財は心の底から喜んでいた。米政府は04年公表の「年次改革要望書」で「簡保を郵政事業から切り離して完全民営化し、全株を市場に売却せよ」と日本に要求した。以来、執拗に郵政民営化を仕掛けてきた。その要求を受け入れて、日本政府は、政権交代で一時的な曲折はあったものの、政府保有株（日本郵政株全体の1割程度）の売却を決めたのである。

国民がコツコツ貯めたゆうちょの預金残高は177兆円、かんぽの総資産が85兆8000億円。これらの「郵政マネー」の運用に米国は狙いをつけた。西室は、この壮大な「日本売り」を仕切った。上場に先立って西室は欧米の機関投資家を訪ねて回り、ヒアリングを重ねている。上場後の記者会見では、ゆうちょ銀行とかんぽ生命保険の株に関して「今後3～5年で（50％程度まで）売却しないと意味がない」と語った。

東証で上場の鐘が甲高く鳴り響いていたころ、西室が隠然たる力を保持する東芝は営業損益の赤字転落が確実となった。不正会計の反動は大きく、米カリフォルニア州では投資家が東芝や旧経営陣を相手どって株価下落の損害賠償を求める集団訴訟を起こした。日本国内でも個人株主たちが東京、大阪両地裁に提訴する準備を進めていた。

東京証券取引所は、東芝株を「特設注意市場銘柄」に指定し、「内部管理体制確認書」を提出して改善状況を説明する義務を課した。

八方ふさがりの状態でウェスチングハウスのD・ロデリック会長は強気だった。メディアの取材に対し、「来年にはインドで6～12基の契約を結べるだろう」と答える。安倍政権はインドとの原子力協定締結を急いでいた。WHへのサポートであろう。

東芝のWH買収と、日本郵政の経営戦略には背筋が寒くなるような共通点がある。日本郵政グループの課題は、何よりも全国約2万4500の郵便局網を持つ日本郵便の立て直しだ。民間の宅配事業に押されて、郵政事業は赤字にまみれている。記者会見で、その再生手法を問われた西室は「世界のなかでロジスティクスを展開する会社になる」と胸を張った。世界で勝負して難局を打開する、と。どこかで聞いたようなセリフだ。そう東芝がWHを買って世界進出を目ざしたときと同じ発想なのだ。

では、日本国内のローカルな配達網しかない日本郵便が、世界とどうやって渡り合うというのか。西室が打った手は、またしても外国企業の巨額買収だった。

日本郵政は15年5月に豪州の物流大手「トール」を買収した。投じた資金は約6300億円。買収価格は49％のプレミアム（上乗せ）をつけた「大盤振る舞い」と報じられた。何から何までWH買収とそっくりなのである。

そして、東証で日本郵政上場の鐘が鳴り響く直前、東芝＝WHは、札付きのS＆WをCB＆Iから「0ドル」で買い取ったのだ。こちらの買収に西室はノータッチだったのだろうか……。株式上場を花道に西室は、翌年2月、日本郵政の社長を退任した。

一将功なりて万骨枯る。東芝＝WHの経営陣は、タダで買収契約をしたS＆Wが、実際の買収価格を決める運転資本調整の過程で巨額の損失を背負っていることを知ったという。7000億円以上の損失が東芝の財務を直撃し、東証二部転落は時間の問題となった。東芝の買収劇は、政治が絡んだ深い闇をたたえている。その闇は、アジアから米国、欧州へ連なる国際原子力シンジケートを広く覆っている。

「未必の故意」が生んだ危機の増大

まじめに働いてきた東芝の社員が哀れで仕方ない。改めて経営者の責任が問われよう。

はたして、東芝＝WHの経営者はS&W買収時、記者会見で説明されたように損失リスクを認識していなかったのか。S&Wが破綻と転売を重ねてきた事情を知らなかったのだろうか。財務が悪化していたWHが、なぜ焦ってS&Wを買う必要があったのか。

企業買収に詳しい河合弘之弁護士は、経営者の「未必の故意による背任」を指摘する。

「買収当時、経済界やマスコミは、WHののれんの減損に焦点を当てていました。原発建設の遅れで追加コストが発生してのれんが傷む。巨額の減損で債務超過に陥ると見ていた。東芝は、そこに触れられたくない。一方でCB&I（＝S&W）との訴訟合戦に、そろそろ判決が出る時期でした。裁判で負けたら東芝に重い財務負担がのしかかる。勝っても、財務の内容を公表しなくてはならず、困ってしまう。そこで訴訟の取り下げを条件に資産の適正評価を後回しにして、エイヤッとS&Wを買った。損失を隠すには一番いい方法です。経営者は、確定的に会社に損害を与えようとしていなくても、後で損失がでても仕方ないと未必の故意による背任を犯したと思います」

ＷＨのロデリック会長と、志賀東芝前会長の経営責任は極めて重い。２０１６年度第三四半期の決算発表が延ばされたのは、ＷＨの経営者が追加コスト増を圧縮するよう社員に「圧力」をかけたからだ。それが内部統制上の問題とされ、調査の時間が必要で決算が発表できなかった、と東芝は釈明した。二人の経営責任が厳しく問われる局面に入った。

東芝の前途は厳しい。それでも原発事業を切り捨てはしない。ＷＨを連結対象から外し、海外の原発事業からの撤退は示したが、国内では再稼働への意欲を燃やす。17年2月14日の記者会見で綱川社長は断言した。

「原子力事業は売上げの80％が燃料サービス。１００基以上の据え付けベースのお客さまにウェスチングハウス、東芝の燃料サービスをしっかりやっていく。お客さまに迷惑はかけない。再稼働、メンテナンス、廃炉を中心に社会的責任をはたすということです」

経営者は目先の既得権にしがみつく。だから原発を拒まない。東芝はＷＨに米国の連邦破産法11条を適用して損失を確定する方法も探っているが、損失処理問題は米政府の電力会社への債務保証にも波及し、予断を許さない。

経産省は再稼働を進めて原子力の発電割合を20％以上に高める目標を掲げ続ける。民間企業には手に負えない原発を維持しようとする。不合理でも原発を手放さない政治の奥の院には「潜在的核武装」への願望も見え隠れする。原発と再処理技術、濃縮技術があれば、いざというときに短期間で核武装ができる。それが抑止力になると信じる政治家たちもいる。

経産官僚が仰ぎ見る米国は、NPT体制の核戦略上からも原発建設の主導権を握っていたい。原発市場をロシアや中国の国営企業に明け渡さないためには、米国企業の手足となって働く日本企業が必要なのだ。だから原発から撤退するなと日本にメッセージを送る。各々の思惑が重なって日本は原発を拒めない状態に置かれている。

が、しかし、何度も言うけれど原発ビジネスは、世界的に市場の崖から転落している。フランスの原子炉メーカー、アレバは、フィンランドのオルキオト原発プロジェクトの遅延などが原因で、14年12月に48億ユーロ（7000億円）の赤字を計上し、事実上破綻した。フランス政府は国策会社のEDF（フランス電力）傘下にアレバを入れて延命を図った。

ところが、今度はEDF自身が、日本鋳鍛造が製造した原子炉部品に欠陥が生じ、所有する原発58基のうち少なくとも18基の稼働停止に追い込まれた。発電量は激減し、EDFの経営には赤信号が灯っている。アレバは、英国ヒンクリー・ポイントのプロジェクトでも、中国企業と連携した開発体制に「核心的な技術が洩れる」と仏国内で批判が集中して立ち往生。惨憺たる状況だ。

そんなアレバと組む三菱重工は、東芝以上のリスクを抱えていると囁かれる。米国のサンオノフレ原発で三菱重工が納めた蒸気発生器が破損し、放射能水が洩れた。電力会社は地域住民の反発を理由に2基の廃炉を決める。その損害賠償額金額をめぐるパリの国際仲裁裁判所での係争は、三菱側の契約責任上限＝約141億円の支払いで決着した。電力会社から7000億円も請求されていた三菱は、ほっと胸をなでおろしたが、安倍首相のトップセールスで交渉権を得たトルコの原発開発は採算が合わず、行きづまっている。

官民一体「日の丸原発」に勝算はあるか

原発にこだわるメーカーが七転八倒するのを尻目に分散型エネルギー開発に転換したドイツのシーメンス、米国のゼネラル・エレクトリック（GE）、原子力部門を切ったABBは、成長の波に乗る。重電の自然エネルギー派と原発派で勝ち組と負け組に分かれた状況で、経産省周辺からは東芝、三菱、日立の原子力部門を束ねて国策の「日の丸原発」会社を設け、再稼働を進める案が急浮上している。すでに原発向けの「核燃料事業」では3社統合の調整が始まっている。16年秋、核燃料事業の統合が表面化した際、日立製作所の東原敏昭社長は「それ（核燃料事業）ばかりではなく、全体を考えなければならない時期がくる」と発言した。背後に原発輸出を進めたい経産省の思惑が透けて見える。原発新設計画が集中する新興国で、安さが売りの中国や韓国、ロシアの国営企業に対抗するには「官民一体」の日の丸原発が必要だというのだ。

はたして、国民の過半が原発からの脱却を望む状態で、日の丸原発に賛同が得られるだろうか。国策民営の原発事業が破綻し、その救済にまたぞろ国策会社を設けて公費を投じたら、凄まじいモラルハザードが生じる。バブル崩壊後の金融機関救済の比ではなかろう。

何よりも日の丸原発は成算がない。技術的には東芝＝WHは加圧水型と沸騰水型、日立＝GEは沸騰水型、三菱＝アレバは加圧水型とバラバラでシステムの壁がそそり立つ。しかも中枢技術、核分裂のデータ分析や核燃料の設計ノウハウなどのコア技術は海外メーカーが握り、日本側は手出しができない。海外メーカーへの従属関係を引きずったまま東芝、日立、三菱を束ねても、恐るべき縦割り技術組織の集合体が生まれるだけで、ガバナンスは効かない。赤字まみれで、漂流するのは目に見えている。

マイナスとマイナスを足してプラスにはなるまい。NPO環境エネルギー政策研究所の飯田哲也所長は「絶対に成功しない」と断言し、こう説く。

「日本の3社は自前の技術を確立できておらず、競争力がありません。だから海外メーカーに頼ろうとします。でも、WHは根無し草、アレバは目も当てられない。GEは原発を見切っている。伸びる余地はないです。世界は分散型エネルギー革命のまっただなかです。16年にEUで生まれた電力源の9割が再生可能エネルギー。世界では分散型エネルギー革命が猛烈なスピードで進行しています。世界中の発電投資の7割、2880億ドルが再エネです。廃炉のために原子力部門を統合するならまだしも、原発再稼働のためだなんて完全に逆行しています」

記者会見で、綱川社長は、06年のWH買収が正しい判断だったと思うかと問われ、「数字をみると正しいとは言いにくい」と本音を洩らした。サラリーマン社長のささやかだけれど精一杯の、かつての上司への抵抗であった。

スペインの画家ゴヤが描いたサトゥルヌスのように怪物と化した原発ビジネスが東芝を頭から食らっている。原発事業を切れるか否かが、東芝、いや日本の将来を決める。

日本に原発を縛りつける構図を、一つひとつ読み解いていけば、決して永劫不変のシステムではないことに気づくだろう。経済的合理性よりも人間の欲望やイデオロギーが支配している現実が見えてくる。

Ⅱ　原子力ペンタゴン——政・官・財・学・報の岩盤

「原子力ペンタゴン」とは？

過半数の国民の意思とは裏腹に、政府は原発、核燃料サイクルの推進へと逆方向に進む。民意とのズレは大きい。福島原発事故直後、経産省内では「今回の悲劇をショーケース化し世界に共有」「世界の安全技術を日本として集大成する」と記した機密文書が作成され、原発輸出が再確認された。実際に原発の維持、推進に与する主体を線で結んでいくと、いびつな五角形（ペンタゴン）ができ上がる。

政界、官界、財界、学界、報道界が形成するペンタゴンである。この政官財学報のペンタゴン体制に、いわゆる「原子力ムラ」と呼ばれる原発利権でつながる産官学の閉鎖的な集団も含まれている。ペンタゴン体制が「国策民営」の原発政策を支え、財源を原発関連の交付金や固定資産税に頼る原発立地自治体を巻き込んで現状維持を図ろうとする。それが民意の前に立ちふさがる岩盤であり、福島原発事故後もほとんど変わっていない。

いま一度、ペンタゴン体制の成り立ちを通観し、岩盤の組成にスポットを当ててみよう。

広告による原発推進世論形成の工作

２０１６年2月28日、ペンタゴン体制を象徴する広告が讀賣新聞に掲載された。

「資源なき経済大国　どうする？　どうなる？　日本のエネルギー」と題した記事仕立ての広告だ。讀賣新聞広告局と、電力会社の連合組織「電気事業連合会（電事連）」が共同制作したカラーの全面広告である。

電事連は、あからさまに原発推進を唱えにくい電力会社に代わって豊富な資金と政界へのパイプを使い、原発を後押しする広告を打ってきた。任意団体ではあるが、職員は電力各社から集まっている。電事連の政界工作担当は、原子力政策の「味方をつくる」ことに精力を注ぐ。原発推進の世論をつくる実働部隊だ。

その広告は、東京都内で開かれたシンポジウムの発言を再録する形で展開されていた。コーディネーターは讀賣新聞特別編集委員の橋本五郎、パネリストは経済ジャーナリストの勝間和代、建設省出身で元総務大臣の増田寛也、タレントの優木まおみといった顔ぶれだ。増田は、経済産業省資源エネルギー庁の総合資源エネルギー調査会放射性廃棄物ワーキンググループ委員長という肩書も持っている。

記事風の広告のなかで、橋本が「いま日本のエネルギーを巡る状況はどのようになっているのでしょうか」と水を向けると勝間が「エネルギー自給率の低下」「電力コストの上昇」「ＣＯ２排出量の増加」という三つの問題を指摘する。２０３０年度の原子力発電の割合を20～22％とする政府の見通しを「妥当な割合」と勝間は認める。さらに使用済み核燃料についても勝間は電力会社の側に立ってこう述べる。

「使用済み燃料といいながら、実に95％が再利用できるのです。日本にはすでに1・7万トンの使用済み燃料があり、これをリサイクル燃料資源として貯蔵しています。仮に再利用しなければ、全てを廃棄物として処分しなければなりませんが、再利用すれば、原油に換算して15兆円分もの資源になるのです」

広告を記事だと思って読んだ人が、発言を真に受けたらミスリードされるだろう。

原子力は「準国産エネルギー」で自給率を上げられる、使用済み核燃料は「資産」との考え方は、核燃料サイクルの完成が前提だ。使用済み核燃料を再処理してウランやプルトニウムを回収してＭＯＸ燃料をつくる。それを高速増殖炉で使い、稼働中の軽水炉でも利用（プルサーマル）できれば原子力は準国産、使用済み核燃料は資産とみなせるという理屈だ。

しかしながら、核燃料サイクルは見通しが立たず、実現性は乏しい。高速増殖炉の開発は「もんじゅ」の頓挫で終わった。プルサーマルも２０１０年度までに全国で16～18基に導入する計画が立てられたが、17年2月末時点で稼働しているプルサーマルは、四国電力伊方原発3号機のみ。ＭＯＸ燃料の危険性や軽水炉での燃焼への技術的懐疑から原発が立地する自治体でも反発は大きい。東日本大震災後、関西電力高浜原発３、４号機でもプルサーマル発電は再開されたが、司法判断で運転が差し止められた。このように核燃料サイクルの鎖はあちこちでちぎれ、実現の目途はまったく立っていない。

そうした核燃料サイクルの現状や可能性の低さに触れず、使用済み核燃料が「原油に換算して15兆円分もの資源」と言い放っていいのだろうか。エネルギー自給率を高めるには１００％国産の自然エネルギーの導入が最も効果的だ。

パネリストの増田は「高レベル放射性廃棄物」の地層処分についてこう語っている。

「最終的な廃棄物は『高レベル放射性廃棄物』と言われます。処分方法は、地下深くの安定した地層に埋めて人間の生活環境から隔離する『地層処分』が技術的に確立されており、多くの国で採用されています」

地震多発国の日本で、安定した地層に高レベル放射性廃棄物を埋めるのは容易ではない。核のゴミの最終処分は各国共通の難題であり、最終処分地が決まっているのはフィンランド（オルキオト）とスウェーデン（フォルスマルク）だけだ。フィンランドでは最終処分場が建設されているが、処分地の選定にはどの国も頭を悩ませている。

「処分方法が科学の責任であれば、処分地の決定は政治の責任だと思っています。今年、最終処分地として科学的に適性がある地域が国から示される予定です」と増田は述べる。

処分地の選定が政治の責任なら、根本的に核のゴミを出さないことを議論するのもまた政治の責任であろう。この記事風広告には、政官界に軸足を置く増田、報道機関の讀賣新聞、財界につながる電事連が結集している。ペンタゴン体制の象徴といえるだろう。科学的知見を語るには学界の支えが必要だ。つまり、広告は政官財学報の五角形、ペンタゴン体制の象徴といえるだろう。

経済至上主義の電事連

ペンタゴンの支柱、電事連の体質は震災後も変わっていない。広告塔に岸博幸慶應義塾大学教授を使い、原発なき社会の危機感をアピールしている。電事連のホームページには「岸先生が一刀両断！　日本のエネルギー事情」というコーナーが設けてある。

岸は経産省出身の元官僚だ。小泉純一郎政権で竹中平蔵・経済財政担当大臣の秘書官を務め、郵政民営化を推し進めた。新自由主義的な考え方が骨の髄までしみ込んでいる。電事連のホームページに掲載された「岸先生の見解」は、こうだ。

「震災後、日本は、一時期、原子力ゼロという状態になりました。これからもそれでやっていけるという期待感が出るのも無理はないのかもしれません。でも立ち止まって考えてください。消費税1％当たりの税収は年間約2・7兆円。一方、震災後、原子力の停止により海外へ支払う火力燃料費はそれを上回る年間最大約3・6兆円。国富の流出は看過できないレベルにあります。日本は、自国に資源がないにもかかわらず発展を遂げ、経済大国となった稀有な国です。資源小国であるというハンディキャップを原子力の活用により挽回してきた先人たちの決断を私たちは再認識すべきではないでしょうか」

確かに福島原発事故後の火力燃料費の増加は看過できない。天然ガスや石油の購入費が増え、「国富流出」との見方もあろう。しかし、火力燃料費が増加したのは原発停止だけが理由ではない。安倍政権がアベノミクスで政策誘導した「円安」と、投機マネーによる「原油高」が燃料の輸入価格を押し上げた。だから15年初頭以降、原油価格が下落すると、火力燃料費は一気に縮小した。資源エネルギー庁の試算では、原発停止に伴う15年度の火力燃料のたき増し分は2兆円。14年度実績から1兆4000億円も減り、16年3月期の決算で大手電力10社はすべて黒字に転じた。何事にも裏と表、メリットとデメリットがある。それをどう総合的にとらえて意思決定をするかが問われている。

ペンタゴン体制は、経済優先の論陣を張り、原発を再稼働させて電力会社の経営改善を図ろうとする。一方、民意は、巨大地震の発生が近づくなかでの事故リスクの高まり、放射性廃棄物という将来への負の遺産を危惧して方向転換を求めている。

電事連はホームページでこう訴える。

「日本は昔も今も資源小国なのです。『喉元過ぎれば熱さを忘れる』ではいけません」

ブラックジョークのようだ。喉元さえ過ぎていないのに熱さを忘れたのはどっちだろう。このペンタゴン体制はどのように形成されたのか。未来を透視するためには歴史に光を当てよう。

「再軍備」への切迫感と核兵器への憧れ

戦後、日本に原発を導入する扉を開けたのは政治家だった。敗戦後、米軍主体の連合国軍の占領下に置かれた日本は、軍国主義の根絶を理由に原子力と航空機の研究開発を禁じられる。占領は7年ちかくに及び、1952年4月、サンフランシスコ講和条約が発効して日本の主権が回復すると、原子力研究、航空機開発も解禁された。

戦中に陸軍、海軍は原子爆弾の研究をしており、物理学界には原子力研究の素地はあった。しかし、日本は人類で初めて、広島、長崎に原爆を落とされ、1年以内に20万人を超える人が亡くなった。あまたの被爆者が後遺症に苦しんでおり、学界内には原子力研究に手を染めることへの抵抗感が強かった。東西冷戦下のイデオロギー対立も背後に控えていた。

52年10月に開かれた日本学術会議総会では、政府への原子力研究開始の申し入れに対する反対論が渦巻いた。とくに広島で被爆した物理学者、三村剛昴の熱弁は他を圧した。

「ソ米のテンション（緊張）が解けるまで、いな世界中がこぞって平和的な目的に使う、こういうようなことがはっきり定まらぬうちは、日本はやってはいかぬ。こう私は主張する。私は原爆を受けて約二カ月負傷して寝ておった経験がありますのと、その惨状をよく知っておりますので反対せざるをえないのであります」

さらに、こう言葉を続けた。

「原爆でやられて二カ月おりましたときに考えたことは、どうしてアメリカにこの仇を討ってやろうかということでありました。ところが、ソ米のテンションが非常に高くなってくる。そして原爆の問題になってきた。考えをちょっと変えた。それは何か。原爆の惨害を世界じゅうに拡げる。しかも誇張するのでなしに、実情をそのまま伝える。これが日本の持つ有力な武器である」（『人民の星』５５７５号）

学術会議総会は原子力研究についての態度を保留したまま幕を閉じた。

学界の曖昧な姿勢に若い代議士が業を煮やす。群馬三区から衆議院に立候補して当選した中曽根康弘（のちに首相）であった。「反共・再軍備・自主憲法制定」を掲げる中曽根は、講和条約交渉中から「国防論」の建白書を米政府高官に送り、原子力研究の解禁を訴えていた。53年7月から11月にかけて中曽根は米国に滞在して原子力研究者に会い、軍事施設を視察する。中曽根に影響を与えたのはカリフォルニアに留学中の物理学者、嵯峨根遼吉だった。嵯峨根は「物理学の父」といわれた長岡半太郎の五男で、戦中は理化学研究所でサイクロトロンの研究をしていたが、戦後、東大教授の身分のまま渡米していた。

中曽根が嵯峨根に日本の原子力研究をどう進めればいいか、と問うと、嵯峨根は、①長期的な国策を確立すること、②法律と予算をもって国家の意思を明確にし、安定的研究を保証すること、③第一級の学者を集めること、と答える。

中曽根は、そのときに「左翼系の学者に牛耳られた学術会議に任せておいたのでは、小田原評定を繰り返すだけで、二、三年の空費は必至である。予算と法律をもって、政治の責任で打開すべき時が来ていると確信した」と自著『政治と人生』に記している。

53年12月、アイゼンハワー米大統領は国連で「アトムズ・フォー・ピース（平和のための原子力）」の演説を行った。核軍拡競争の抑制を唱えるとともに、核エネルギーを発電や医療向けの平和利用に活用しようと呼びかける。米国の核技術を他国に与えて西側陣営に引き込もうとする思惑もあった。ここから国際原子力機関（ＩＡＥＡ）の査察を条件に原子炉や燃料の濃縮ウランを国際移転するしくみが整備されていく。

アイゼンハワーは、翌年2月、核物質や核技術を「二国間ベース」でやりとりする政策を特別教書で表明した。すぐさま中曽根は、当時所属していた改進党の議員らと衆議院予算委員会を舞台に修正予算案を練る。そこに「原子炉築造費（2億3500万円）」「ウラニウム資源調査費（1億500万円）」「原子力関係資料購入費（1000万円）」＝総額2億6000万円の原子力予算をもぐり込ませ、可決、成立させたのである。54年度の政府本予算は約1兆円。2016年度の一般会計予算が約97兆円だから、当時の2億6000万円は現在の250億円前後に相当するだろうか。

中曽根とともに原子力予算を上程した改進党の小山倉之助は、衆議院本会議の提案趣旨演説で、次のように語った。

「近代兵器の発達はまったく目まぐるしいものでありまして、これが使用には相当進んだ知識が必要であると思います。この新兵器の使用にあたっては、りっぱな訓練を積まなくてはならぬと信ずるのでありますが、政府の態度はこの点においてもはなはだ明白を欠いておるのは、まことに遺憾とするところであります。またMSA（米相互安全保障法に基づく対外援助）に対して、米国の旧式な兵器を貸与されることを避けるためにも、新兵器や、現在製造の過程にある原子兵器をも理解し、またはこれを使用する能力を持つことが先決問題であると思うのであります」

政治家の「本音」が表れている。それは「再軍備」への切迫感と「核兵器」への憧れである。警察の補完組織だった保安隊と警備隊が、国防を担う自衛隊に生まれ変わるのは、原子力予算成立の4カ月後だった。

原発と核武装の一体性

技術や燃料を提供する側の米国も、日本の核への憧れを見抜いていた。有馬哲夫早稲田大学教授の著書『原発と原爆「日・米・英」核武装の暗闘』には、当時の米国内の動向がアメリカ公文書館の国務省文書に基づいて詳しく記されている。同書によれば、日本への原発移転に積極的だった下院議員、シドニー・イェーツは、原発と核の一体性についてストレートに言及している。

「賢明なかたは、日本に原発を与えて、この国が共産主義の支配に落ちて、原発がアメリカに対して使われることになったらどうするのだと問うかもしれません。わたしはこのこともマレー氏（トマス・マレー原子力委員長）と話しました。そして、わが国、イギリス、ソ連の核物質の生産量は非常に多いので、出力がどのくらいであれ、一基の原発が東西の軍事バランスを変えるということはない点を確認しました。このプロジェクトは軍事的危険性を生み出すどころか日本の軍事力を強化し、それによってアジアのすべての自由主義国の軍事力強化に貢献することでしょう」

イェーツ議員は、一基程度の原発では東西の軍事バランスは変わらないと説く。そのあっけらかんとした気楽さはともかく、原発と核武装を一体的にとらえる見方はイェーツだけでなく、アイゼンハワーら政権幹部も共有していた。

学界の反応

日本では、原子力予算の成立に学界が慌てた。予算案が急浮上した際、日本学術会議の茅誠司会長は「寝耳に水で驚いた。政治的な策謀かどうかは知らない。むしろ改進党の額面通りに率直に受取りたいが、学者の意見をまとめるのはむずかしいだろう」（毎日新聞 54年3月4日）と当惑を隠さなかった。

及び腰の学界を尻目に「官」と「財」が動きだす。内閣に原子力利用準備調査会が設置され、経済企画庁（現内閣府）が事務局を担う。準備調査会の委員には、大蔵（現財務）、文部（現文部科学）、通産（現経産）の各大臣、経済団体連合会（経団連）会長、学術会議会長らが就任し、原子力行政の最高審議を行う形がつくられた。

産業界では有力企業による原子力発電調査会、経団連の原子力平和利用懇談会、電力9社が集う電力経済研究所が母体となって「財団法人日本原子力産業会議（原産）」が発足する。

　こうした流れのなかで、中曽根は原子力利用の国策化へと走り回る。両院合同委員会を設けて委員長に収まり、原子力の研究、開発、利用を促す「原子力基本法案」を作成する。社会党を巻き込んで法案を共同提案し、55年12月に成立させた。

　56年5月、科学技術庁（現文科省・内閣府）が設立され、原子力行政の中心が定まった。科学技術庁の管轄下に日本原子力研究所（原研／現日本原子力研究開発機構）と核燃料事業に携わる原子燃料公社（原燃公社／のちに動力炉・核燃料開発事業団→日本原子力研究開発機構）が特殊法人として設けられる。科学技術庁は中央省庁再編で2001年に文部省と統合されるまで原子力行政の中枢的事務をこなすこととなる。

　産業界では、原子力産業会議の創設と並行して三菱、日立、三井系の東芝など旧財閥グループが原子力への対応体制を整えた。これらの重電メーカーは、戦前からの海外メーカーとの提携関係に基づいて技術導入を図る。三菱はウェスチングハウス（WH）、東芝はゼネラル・エレクトリック（GE）とのつながりを踏襲した。国産技術志向の強い日立も原子力分野ではGEと手を携えた。ウェスチングハウスは「加圧水型軽水炉（PWR）」、GEが「沸騰水型軽水炉（BWR）」と棲み分けて世界市場に狙いを絞る。

　かくして「政官財」に「学」が引っ張られて推進体制の骨格ができあがってゆく。しかしながら法律が成立し、組織が立ち上がっても、消費者に電気を供給する商業用発電炉（動力炉）の具体的プランはどこにもなかった。原子炉の開発は、研究炉→原型炉→実証炉→実用炉（商用炉・

動力炉）の段階を踏む。米国においてさえ、初の商用原発、シッピングポート発電所はウェスチングハウスとストーン＆ウェブスター（S＆W）が組んで建設している最中だった。米国はシッピングポートが稼働し、データが揃う60年代に入らないと技術移転は難しいと日本側に通告してきた。

正力松太郎の活動

この実用化への長い道程を一挙に縮めた人物こそ、讀賣新聞社主にして日本テレビ放送網初代社長の正力松太郎だった。内務官僚出身の正力は、メディア界で成功を収めた後も「総理大臣」への夢が捨てきれず、55年2月の総選挙に故郷、富山から立候補した。選挙演説で「夢の原子力、原子力の産業革命、平和利用」とひたすら連呼する。選挙戦は大苦戦を強いられたが、「湯水のような金と人海戦術で、辛うじて当選」した（『戦後マスコミ回遊録』柴田秀利）。

齢七十で代議士の仲間入りをした正力は、民間の原発推進に力をこめる。日比谷公園2000坪の敷地を使って「原子力平和利用博覧会」が開かれると日本テレビは連日、その盛況ぶりを放送した。正力は段階を踏んで原子炉を開発するのではなく、外国が完成したものを「買う」方法を選ぶ。原子力行政の中枢、科学技術庁の初代長官に就任すると、英国原子力公社の理事、クリストファー・ヒントン卿を日本に招いた。正力は、商用炉の施設や技術の導入には「米国と動力協定を結ばねばならない」と主張した数か月後、舌の根も乾かないうちに英国から要人を呼んでいる。米と英を天秤にかけたようだ。

ヒントン卿は、講演会や座談会で英国製コールダーホール型黒鉛炉の安全性、経済性を触れまわった。コールダーホール炉とは、天然ウランを燃料とする黒鉛減速炭酸ガス冷却型原子炉を指す。ソ連も開発した黒鉛炉は、もともと軍用プルトニウム生産のために造られたものだった。プルトニウムについて、米国が極東の軍事戦略面から厳格な管理を日本に求めたのに対し、英国の条件は緩かった。正力は、56年7月、讀賣新聞ワシントン特派員に自らの談話を次の文書にまとめさせて米原子力委員会に送らせている。

「イギリスと二国間協定（原発購入に伴う原子力協定）を結ぶならば、それは秘密条項を含まないものになる。その原子炉（イギリス製コールダーホール型）はアメリカのものと比較して経済的だ。プルトニウムの使用については条件がない。原子炉は発注されれば、三、四年以内に完成する。日本の使節団がイギリスを調査すれば日本の長期計画は変わるだろう。そして計画は促進されるだろう」（『原発と原爆』カッコ内及び傍点は筆者）

キーワードは「秘密条項」だ。

じつは前年末、米国が日本に研究原子炉用に濃縮ウラン6キログラムを限度に「賃貸」するに当たって「日米原子力研究協定」が締結されていた。この協定は、核兵器の設計や製造につながる「秘密資料」のやりとりを禁じ、すべての使用済み核燃料の米国への返還、使用記録の毎年の報告を日本に課している。核燃料を使って生じたプルトニウムも米国は回収する。これらの義務を「秘密条項」と呼んでいた。

正力は、英国との協定では発生したプルトニウムの使用を束縛されない、と米国に伝えて揺さぶりをかけたのだ。さらに談話文書はこう続く。

「アメリカが協定（動力）のなかの秘密条項をはずしてくれるならば、そして価格が競争力を持つならば、アメリカと協定を結ぼうと正力は述べている。アメリカと協定を結んだ場合、日本はプルトニウムをアメリカから買ったり、借りたりできるかどうかはわからない」。正力の揺さぶりに、しかし米国は動じない。「英国製は技術的問題が多く、日本の電力需要が許すなら、建設中のシッピングポート発電所の詳細データが得られる61年ごろまで待つほうが賢明」という姿勢を崩さなかった。

正力は英国炉の導入を決めた。プルトニウムへの抑えがたい欲望と、人生に残された時間の少なさから英国炉に走ったと思われる。

受け入れ先をめぐる攻防

コールダーホール炉の購入が確定すると、その受け入れ主体に世間の耳目が集まった。受け入れ主体が、その後の商用炉の建造をリードするのは明らかだった。ペンタゴン体制の構築に向けた最初の山場が訪れたのであった。

まず通産省傘下の「電源開発株式会社（電発）」が受け入れ主体に名乗りを上げる。電源開発は、敗戦で電力の国家管理体制が崩れ、戦後、民間9電力会社に再編される過程で、官僚が自らの砦を守るためにこしらえた国策会社だ。

これに対し、電気事業連合会の社長会議が「原子力発電振興会社」設立の構想をぶつける。民間出資で新会社を立上げ、そこが原発の生む電力を各電力会社に卸売りするプランだった。科学技術庁傘下の原子力研究所も一度は手を上げるが、受け入れ競争から降りた。

原発の受け皿は、官の電源開発と民の電力系新会社に絞られ、激しいつば競り合いがくり広げられる。正力は民営論に立った。一方、経済企画庁長官の河野一郎（のちに建設大臣）は国家管理論を盾に激しく抗った。河野は、こう語った。

「将来の産業開発に重要な地位を占める原子力を、大電力会社だとか、三菱、日立などの財閥グループに独占させたらどうなるか。まだ不確定な要素の多い、危険や災害をともなう買物をして国民生活に悪影響をおよぼしてはいけない。自分の考えはしばらく様子をみたうえで、政府が責任をとる特殊会社、たとえば電発（電源開発）や日本航空みたいな組織をつくるべきだ」

（サンデー毎日　57年8月25日号）

正力は「日本の電力はどんどん足りなくなっており、停電、節電はもとより、電気料金の値上げも必至だ。調査によるとイギリスのコールダーホール改良型は、もう火力発電と対抗できるくらい安くなっているから、いますぐ輸入すべきだ。そうしなければ将来とても追いつけない」(同前)と民営論をぶつ。ふたりの対立は、岸信介内閣の閣議に持ち込まれ、官か民かではなく、官民合同会社の新設が了解されて終止符が打たれた。

こうして「日本原子力発電株式会社(日本原電)」が創設される。原電の出資比率は、電源開発20%、電力9社など民間80%と決まった。民間が大勢を占めはしたものの通産省もしっかり食い込んでいる。日本原電は英国のコールダーホール炉を受け入れた。紆余曲折を経て茨城県東海村に原子炉を建設し、運転開始へと進む。

「科学技術庁グループ」vs.「電力・通産連合」

一連の受け入れ競争のなかで、原研が撤退した意味は大きい。端的にいえば、科学技術庁の縄張りが商用炉までは拡げられなかったのだ。商用炉の導入は電力会社と通産省の領分に入ったのである。「政官財」とひとくくりにしても、内実は「科学技術庁グループ」と「電力・通産連合」の二極が突出していた。

科学史家で九州大学教授の吉岡斉は、この構造的特質を「二元体制的国策共同体」と呼ぶ。吉岡は『原子力の社会史』のなかで、原電の誕生によって「今日にいたるまでの日本の原子力開発利用の基本的な推進構造が固まった」と述べ、次のように解説する。

「この一九五七年末時点での分業体制は、電力・通産連合が商業発電用原子炉に関する業務、科学技術庁グループがその他すべての業務、という形になっており、科学技術庁グループが圧倒的に優位にあったが、電力・通産連合はその後、商業用原子力発電システムにかかわる業務を幅広く掌握することになる」。

政官財は科学技術庁系と電力・通産系の二元体制を推進源に抱え込み、学界が技術的顧問を務め、メディアは宣伝を行う。政官財の大きな力を、学、報が補完する、不等辺五角形の原発推進体制が確立されたのだった。

もっとも、１９５０年代は中東で大油田の発見が相次ぎ、エネルギーの首座が石炭から石油に移って火力発電のコストが下がって、原発の建設は後回しにされる。英国炉を採用した日本初の商用原発、東海原発は60年に着工し、５年後にようやく初臨界に達した。

日本原電のコールダーホール炉は問題が多く、電力会社は米国の軽水炉に照準を絞った。60年代半ばに世界的な「軽水炉ブーム」が起きて商用炉の大勢が決まる。先導したのは米国の原子炉メーカー、GEだった。GEは、沸騰水型軽水炉のコストを公表して「原子力は石炭や石油火力に対抗できる」と訴え、「ターンキー契約」方式で電力会社の歓心を買った。

ターンキー方式とは、メーカーが固定価格で原子炉の受注契約を結び、試運転までの全工程に責任を負うもの。原子炉の運転は電力会社が手順書に従って行う。消費者が自動車を購入し、キーを回して運転するのに似ている。

すぐにウェスチングハウス（WH）も加圧水型軽水炉の契約にターンキー方式を採用し、GEを追いかける。日本では三菱がWHと真っ先に加圧水型軽水炉の技術導入契約を結んだ（61年）。東芝・日立はGEと契約する（67年）。電力会社では日本原電が沸騰水型を選んだ。東京電力も沸騰水型を採用し、「東電―東芝・日立―GE」の系列ができる。関西電力は加圧水型を選び、「関電―三菱―WH」の系列で美浜原発1号機を皮切りに次々と稼働させる。他の電力会社では北海道、四国、九州は加圧水型の三菱―WH系列へ、東北、中部、北陸、中国は沸騰水型の東芝・日立―GE系列へと分かれ、驚くべき勢いで原発は建設される。東電福島第一原発1号機は、GEのターンキー契約で建設され、40年後の破局へと時を刻んでいく。

電力・通産連合が原発建設に猛進する傍ら、科学技術庁グループは「核燃料サイクル」に深入りした。「高速増殖炉（FBR）」「新型転換炉（ATR）」「使用済み核燃料の再処理」「ウラン濃縮」という4本柱の自主開発をスタートさせる。

日本は化石燃料資源が乏しい。高速増殖炉はプルトニウムを使い、発電しながら消費した以上の核燃料を得られる。ウランの利用率は60倍に向上し、原子力は準国産エネルギーとなる、という筋書きで核燃料サイクルが「重要国策」と定められた。推進の中心は、67年に原子燃料公社を吸収合併して新設された「動力炉・核燃料事業団（動燃）」だった。

動燃は、98年1月に「核燃料サイクル開発機構」に改組されるまで重要国策に取り組む。高速増殖炉の実験炉「常陽」、原型炉「もんじゅ」、新型転換炉の原型炉「ふげん」の研究開発に莫大な投資が行われた。

原発立地の囲い込み

電力・通産連合と科学技術庁グループの二元推進体制が整うと、もう一つの重要なステークホルダーが国策の歯車に巻き込まれる。原発を立地する地方自治体だ。電力各社は、60年代初頭から原発用地の確保に奔走した。日本原電は、コールダーホール炉に見切りをつけ、沸騰水型軽水炉の立地先として福井県敦賀市に狙いをつけた。関西電力は、福井県美浜町の用地を買収する。東京電力は、福島県双葉郡の大熊、双葉両町に白羽の矢を立てた。いずれの原発誘致にも中央と地方の政治が深くかかわっていた。

たとえば福島県への原発誘致を仕掛けたのは、東京電力社長の木川田一隆と、福島県選出の代議士、木村守江（のちに福島県知事）である。福島県伊達郡梁川町（現伊達市梁川町）の医家に生まれた木川田は、当初、原子力発電には消極的だった。原子力を「悪魔」に喩えて警戒した。が、58年ごろ、木村から福島県内でも特に貧しかった大熊、双葉地域への産業誘致を相談されると、即座に「原子力発電がよいのではないか」と応じている（『ドキュメント東京電力』田原総一朗）。

木川田が原発推進に転じたのは、「官僚支配」に抵抗するためだといわれる。木川田は、経済同友会でともに活動していた財界人に度々こう語った。

「これからは、原子力こそが国家と電力会社との戦場になる。原子力という戦場での勝敗が電力会社の命運を決める。法律で規制することしか知らない官僚たちに、電力を、原子力を委ねるわけにはいかない」(同前)

東電の社史ともいえる『関東の電気事業と東京電力』によれば、60年8月、東電は正式に福島県に用地確保の申し入れを行っている。木川田は社長就任後の常務会で、「当社も、いよいよ原子力発電所を建設します。原子炉のタイプは軽水炉、GEの沸騰水型で、第一号炉は出力四〇万キロワット。福島県双葉郡大熊町です」と宣言した。

東電のもう一つの原発立地自治体、新潟県の柏崎市と刈羽村の用地買収には自民党幹事長だった田中角栄(のちに首相)が関与していた。日刊工業新聞に原発誘致のベタ記事が載って間もない66年8月、柏崎市から刈羽村にかけての52ヘクタールに及ぶ砂丘地の土地所有権が、北越製紙から田中の腹心で刈羽村村長の木村博保に移った。所有権は、ひと月も経たないうちに田中のファミリー企業「室町産業」に移転される。さらに翌年1月、所有権は「錯誤」を理由にふたたび木村に戻されている。木村は新潟日報の取材に「東電進出の情報は発表前に流れていた。だが、もうけを狙った土地ころがしではない」(『原発と地震柏崎刈羽「震度7」の警告』)と述べている。ならば、なぜ錯誤による登録抹消の手続きを取ったのか。当時、田中は信濃川河川敷の土地取引をめぐって野党の金脈追及を受けていた。

「次は原発の土地に関する話も出ると聞いた。へとへとだった先生に迷惑はかけられなかった」

と木村は回顧している。そして、東京・目白の田中邸を訊ねて「土地を返してください」と登録抹消を申し出たのだという。木村が自発的に土地返却を求めたのかどうかはわからない。田中の指示だった可能性は高い。地元の誘致を受けた東電は、柏崎刈羽原発の建設計画を発表する。地元と東電の意思が固まった71年10月、木村は砂丘地を東京電力に売り渡した。

売り値は、おおよそ「買い値の26倍」であった。土地の売却直後、田中を支える「国家老」と呼ばれた本間孝一が売却益の4億円を田中邸に運んだ。30年後に本間は「昔のことですから、今ごろどうこう言う話ではありませんよ」と明かしている。

雪深い越後に生まれた田中は、高度成長期に都市に集中した富を、一貫して地方に還流させようとした。東京一極集中を解消し、「国土の均衡ある発展」を切望した政治家だった。富の再分配を実務的に行い、原発誘致もまたその手段に使ったといえようか。

電源立地自治体への「アメ」

田中の地方への老婆心が「電源三法（発電用施設周辺地域整備法、電源開発促進税法、電源開発促進対策特別会計法）」を産み落とす。これは電力会社から販売電力量に応じて一定額の電源開発促進税を徴収して特別会計の財源にし、交付金、補助金・委託金に使うしくみだ。原発立地自治体に「電源立地促進対策交付金」というアメを配る制度ができあがる。莫大な財源が転がりこむのに慣れた自治体は、だんだん蜜の味が忘れられなくなってしまう。

資源エネルギー庁のモデルケースでは、出力135万kWの原発を7年かけて新設する場合、環境影響評価に着手した翌年度から毎年5億2千万円の交付金が3年間、払われる。4年目の着工後は77億5000万円に膨れ上がる。原発を40年間稼働させると総額は約1215億円に達する。地元自治体には巨額の固定資産税も入ってくる。

地元にとって「雇用」も大きな魅力だ。福島の原発立地自治体周辺では、1万人以上が原発関連事業に従事していた。福島第一原発の地元で長年反対運動を続けてきた石丸小四郎は、雑誌のインタビューにこう語っている。

「地元の商店、住民は様々なかたちで電力会社の恩恵にあずかります。私の地元でも東電は地元の金物屋から貴金属を購入し、ガソリンスタンドの給油まで割り振った。原発関係者で潤い『こんなに儲かっていいの』とうそぶく飲み屋も多かった。地元では夜な夜な地主や有力者が接待され、土地譲渡などで貢献した人は東電に優先的に採用されるといわれたものです。こうして地元の隅々まで手を回すことで唯々諾々の〝原発城下町〟が作られました」(SAPIO2011年8月3日号)

過疎の貧しい地域に落ちた巨費は、人間の判断を狂わせる。中部電力が原発を建設した旧浜岡町(現御前崎市)では「泥田に金の卵をうむ鶴が舞い降りた」と地元の財界有力者が欣喜雀躍した。

地元は75年度から２００５年度までに２３１億円の交付金を使って豪華な市立図書館や市民プールなどのハコモノを建て続ける。できたハコモノには維持費もかかる。御前崎市の２０１１年度の財政をみると、一般会計予算１６７億８０００万円のうち原発関連の交付金や固定資産税がじつに４割を占めている。

交付金という麻薬を打たれた自治体は、麻薬抜きでは立ち行かなくなる。原発を誘致した自治体が交付金で持ちこたえられるのは「30年」が限度だといわれるが、その間に自立的な産業は育たず、雇用も限定されて活力は失われる。30年が過ぎると、原発をもう一基、もう一基と増設を求める。止めたら自治体が潰れるから、永久に原発をつくらねばならない。この「魔の轍」から脱け出す方策が真剣に求められている。

止まらぬ原発の増殖

政官財学報が地元を巻き込み、原発は右肩上がりで建設された。

次頁の「各年度末の原発基数と設備容量」（『原子力市民年鑑 ２０１１』原子力資料情報室）をご覧いただきたい。

60年代後半から90年代末まで、一直線に原発は増え続けた。この30年間に二度の石油ショックがあり、米スリーマイル島原発事故、旧ソ連のチェルノブイリ原発事故が起き、バブル経済も崩壊している。95年には高速増殖炉もんじゅのナトリウム漏れ事故が発生した。にもかかわらず、

各年度末の原発基数と設備容量

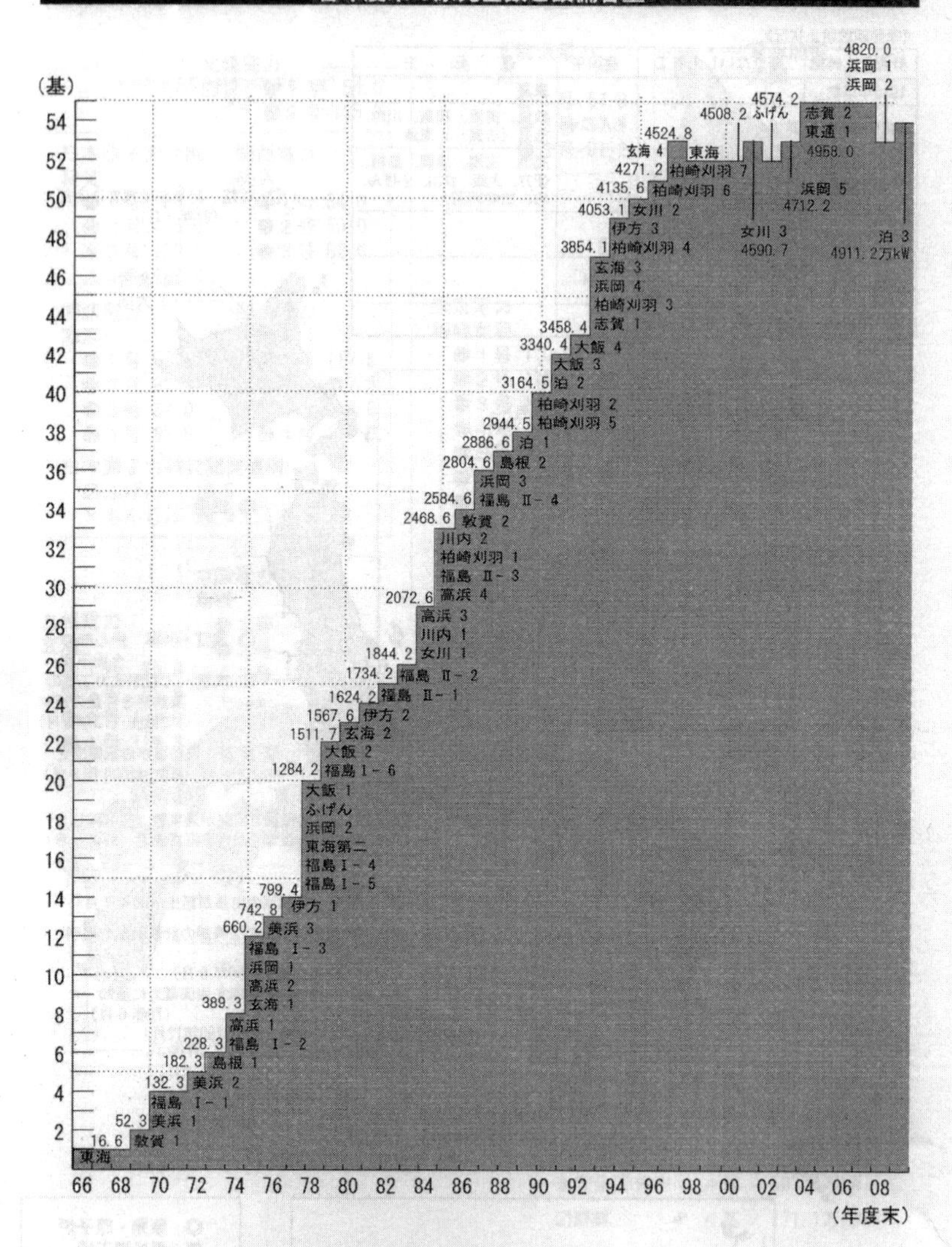

原子力資料情報室作成

真っすぐ右肩上がりで原発は建設され続けた。

やがて欧米諸国が原発離れを鮮明にすると、後を追って日本の新設・増設のペースも鈍る。97年3月に動燃は東海再処理工場の火災爆発事故を起こし、厳しい批判を浴びた。管轄する科学技術庁は原子力施設への「国民の信頼を失墜させた」責任を取らされ、中央省庁再編に合わせて解体される。逆に省庁再編で生まれた経済産業省は、旧通産省以上の強い権限を手に入れた。資源エネルギー庁は「電源別発電電力量の実績および見通し」を示して原発の発電シェアを2019年までに41％に高めると宣言した。

実働部隊は離合集散しているが、政官財学報のペンタゴン体制の根幹は変わらず、組織と人、予算を守るために原発を維持し、いつ完成するとも知れない再処理工場の建設が継続される。既得権が守られ、「原発のための原発」という自己目的化が変革を拒んだ。

だが、一方で「新自由主義」の思潮が世界経済を覆い、その流れが日本にも及び、電力界を激しく揺さぶった。電気事業の市場参入規制を緩和し、競争を導入する「電力自由化」の潮流が押し寄せたのである。電力自由化とは、誰でも電力事業者になれて（発電の自由化）、既存の送・配電網を使って電気を送れるようにすること（送・配電の自由化）。消費者はどの事業者からでも電力を買える（小売の自由化）。競争環境を整えるために最終的には大手電力会社の発電と送電の部門を切り離す（発送電分離）。経産省は電力自由化へと政策をシフトしていく。

電力自由化は、成長が鈍った電力業界の不安をかき立てた。

戦後、全国の地域ごとに大手電力会社は、発電、送電、売電を一体的に行う「垂直統合」を許され、事業を独占してきた。この地域独占という命綱が電力自由化で切り刻まれる怖れが生じたのだ。電力業界が最も憂えたのは原子力発電の経営リスクであった。

原子力発電事業は巨費を投じて原発を建設し、長期間、安定的に稼働して回収しなくてはならない。しかし市場競争が激化すれば、莫大な初期投資が必要な原発は建てられなくなる。古い原発をリプレースする際、火力発電へ転換したほうが経済性は圧倒的に優れているからだ。

青森県六ケ所村の核燃料再処理工場の建設も、電力業界には重荷だった。核燃料サイクルのバックエンド（使用済み核燃料の貯蔵保管や廃棄物処理）の確立は、原発を稼働させた以上、避けられないテーマである。再処理せずに直接処分する選択肢もあり、国が再処理路線を捨てれば、電力業界は再処理工場の建設費や運転費の負担から解放されてコストを圧縮できる。ウラン濃縮や高速増殖炉などの国策への費用支出も、できるだけカットしたい。

そこで電力業界は、電力自由化を逆手にとって経産省を動揺させる。原発の経営リスクによる事業撤退をチラつかせながら経産省に圧力をかけた。国策の原子力政策と電力自由化の一貫性を保て、と経産省にシグナルを送り続ける。電力族議員も使って電力自由化に手心を加えろ、と求めた。電力自由化は業界にとって死活的問題であり、そのダメージを弱めるための取引材料に原発事業を使ったのである。

もとより経産省側も原子力政策と電力自由化政策の整合性はとらねばならない。資源エネルギー庁電力・ガス事業部電力市場整備室の若手官僚を中心に原子力事業の実態調査が行われた。そこから、前代未聞の「官僚の決起」へとつながる。

堅固なペンタゴン体制に「亀裂が入った」のは、後にも先にも、このときだけだった。

経産省の内部告発から決起へ

あれは04年の早春、私（＝筆者）は、東京・永田町のカフェで資源エネルギー庁の課長補佐、伊原智人らと向き合っていた。テーブルに『19兆円の請求書――止まらない核燃料サイクル』とタイトルを付けたＡ４判25ページの資料が載っている。文書は核燃料サイクルの制度的矛盾をまとめ、使用済み核燃料の再処理を「いったん立ち止まり、国民的議論が必要」と訴えていた。伊原は、やむに已まれず筆をとった理由を、こう語った。

「バックエンド事業、とくに六ケ所村の核燃料サイクル事業について、なぜ始めたのか、どのような意味があって、どれだけの確実性があるのか、直接かかわってきた電力会社の人、エネ庁で携わった人間、学者、研究者……あらゆる当事者にヒアリングをしました。皆さんに六カ所再処理工場はうまくいきますか、と聞くと、ポジティブな反応はほとんど返ってこなかった。辻褄が合わない。そこが見直しを考え始めた原点です」

核燃料サイクル事業の当事者が再処理工場の建設は難しい、最終処分場は決められないと率直に述べたという。一瞬、耳を疑うような「内部告発」だった。伊原は言葉を継ぐ。

「では、なぜ核燃料サイクルを止められないのか。誰も理由説明できません。民間会社の人は、国策にそってやってきた、さんざん汗をかいて、青森県はじめ、各方面に頭を下げて進めた。それを止めるとはいえない、国が止めるというなら、民間が背負った債務を肩代わりしてくれますか、と……。止めて起こる混乱、それを制御できるかどうかわからない恐怖から判断を先送りしていた。要するに誰も責任をとろうとしないのです」

別の課長補佐が文書を作った意図を補った。

「僕ら、反原発運動をしたいわけじゃない。原発を止めろとは言っていません。核燃料サイクル政策は合理的かどうかが問題です。再処理には19兆円もかかる。将来のツケです。再処理を止めてもゼロにはなりません。直接処分に切り替えても12～13兆円はかかる。だからこそ、立ち止まって、国民の目に見えるかたちで議論すべきです」

彼らは「上司には秘密で動いている」と言った。「クーデター」という言葉が私の脳裏をかすめたが、後で調べると経産省上層部は彼らの行動を黙認していた。事務次官、村田成二は、表向きは「核燃料サイクルは国策」の推進姿勢を取りつつ、「逆櫓で動かせ」（「世界」２０１１年7月号）と助言を与えていたという。逆櫓とは船尾を先にして進めるよう逆向きに取り付けた櫓をさす。前に進むふりをして後退しろ、と命じていたのである。

決起隊は行動を起こした。朝日新聞の記者と私は取材を進め、「『上質な怪文書』が訴える核燃中止」（週刊朝日04年5月21日号）という記事をまとめた。そのなかでは原子力関係者からも

「19兆円の請求書」に同調する声が寄せられた。元東電副社長で日本原燃サービス社長を務めた豊田正敏は、「勇気ある行動だ。政府が舵を切れないから、下からこういう動きが出る。高速増殖炉を目ざす時代はとうに終わった。ただ役所や電力業界には高速増殖炉で仕事や研究をしている人が二千人以上います」と語った。

そのころ、福島県知事の佐藤栄佐久も国の核燃料サイクル政策に反旗を翻していた。佐藤知事は、国との闘いを、こうふり返った。

「原子力発電所は、使用済み核燃料をきちんと処理する手立てが講じられず、40年も前の古い体質をいまだに引きずっています。93年、福島県は、福島第一原子力発電所内に使用済み燃料を一時的にためるプールを増やしてくれと言われ、『2010年から漸減する』ことを国に確認し、プールの設置を認めた。ところが、一年もしないうちに『原子力長期計画』の改定のなかで2010年に『(漸減のための)第二再処理工場を建設する』のではなく、『方針を変える』となり、国との約束は吹き飛ばされました」

佐藤知事が核燃料サイクルの見直しを決断したのは、99年の東海村JCO臨界事故がきっかけだった。住友系の施設で核燃料を加工中にウラン溶液が臨界状態に達し、核分裂連鎖反応が発生。作業員2名が死亡し、667名の被曝者を出した。

「事故直後、茨城県に隣接するいわき市の保健所に駆けつけましたが、青ざめて不安がっている地元の皆さんの顔が忘れられません。福島県ではエネルギー政策をみずからの問題としてとらえ、有識者を招き、原子力問題の検討会を重ねてきました。その中間とりまとめで『核燃料サイクル』は、資源の節約性、高速増殖炉の実現可能性、処理コストの増大、経済性などの点から『立ち止まって国民的議論を』と提起したんです」と佐藤は語った。

福島県の姿勢への賛同者が、政、官にも少しずつ増えた。そこに「19兆円の請求書」という若手官僚の決起が重なったのである。

官民一体化の護送船団方式で進められてきた原発政策は大転換点に差しかかった。日本の近代、百余年に及ぶ電力・エネルギー政策の転機といっても大げさではない。決起隊は、活字メディアから電波メディアへと水面下でレクチャーして回った。

だが、しかし、……04年6月、ある経済紙の編集委員の勉強会に決起隊が呼ばれて「19兆円の請求書」を語ってから、雲行きは一変した。勉強会に出席していた記者が資料を持って電気事業連合会に駆け込み、資源エネルギー庁の若手官僚がこんな文書をつくって核燃料サイクルの見直しを訴えている、と告げた。電事連は資源エネルギー庁の原子力政策部門に急報し、犯人探しが行われる。

波紋は村田次官に及び、中川昭一経産大臣に核燃料サイクルについて説明する場が設けられる。結局……、村田次官は中川大臣を「見直し」で説得できなかった。逆に中川大臣は、資源エネルギー庁が使用済み核燃料を再処理しない場合の安いコストを隠していたことに怒り、関係者の処分を厳命する。決起隊の官僚たちは電力・エネルギー政策とかけ離れた部署に配置転換され、処分を受けた。ついに「国策民営」の殻は破れなかった。

結果的に電力業界は原発推進の確約を経産省から取りつけるとともに、省内の内部対立で電力自由化のスピードを遅らせるのに成功した。最後に笑ったのは電力業界であった。

翌年、伊原は経産省を辞め、官民交流で出向した経験のあるリクルートに転職する。「5年先が何となく見える官界より、何が起きるかわからない企業で、知的財産分野の仕事に就いたほうが、自分を高められると思った」とその理由を語った。リクルートでは知財の専門知識を生かして研究機関に埋もれている新技術に光を当てる。歴史に「もしも」がないのは承知しているが、もしも東日本大震災が起きていなかったら、伊原は安定したビジネスマン人生を送ったことだろう。運命とはわからないものだ。震災を機に伊原は霞が関に戻るのだが、その事情を記す前に、もう少し政官財の動きを追っておきたい。

巻き返しによる原発推進

核燃料サイクル政策見直しの芽は、05年10月に原子力委員会が発表した「原子力政策大綱」で完全に断たれた。大綱は「原子力利用の着実な推進」を明記し、「2030年以後も総発電電力量の30～40%程度という現在の水準程度か、それ以上の供給割合を原子力発電が担うことを目指す」と謳い上げた。核燃料の再処理路線も堅持され、軽水炉でのMOX燃料の利用（プルサーマル）についても「国においては、国民や立地地域との相互理解を図るための広聴・広報活動への積極的な取組を行う」と推進の旗をふる。大山鳴動して鼠一匹とは、このことだろう。経産省内で決起隊の粛正を進めたのは、原発事業の海外展開の後押しをした柳瀬唯夫原子力政策課長らだといわれる。経産省内のいわば反革命によって原発政策は推進へとUターンしたのだった。

プルサーマルに反対していた福島県知事、佐藤栄佐久は、権力に狙い撃たれた。佐藤は、縫製会社を営む実弟が不正な土地取引の容疑で逮捕されたのを受けて06年9月27日、道義的責任をとって辞職を表明した。小泉政権が終わり、第一次安倍晋三内閣が発足した翌日の辞任であった。10月23日、東京地検特捜部は佐藤本人を「収賄罪」で逮捕する。容疑は、弟と共謀して「木戸ダム」を前田建設が受注するよう「天の声」を発し、見返りに弟の土地を前田建設とつながる水谷建設に法外な値段で買い取らせた、というものだ。

裁判が始まると特捜がそろえた汚職の証拠や調書は、次々と覆され、ヤラセや証拠隠滅が続出した。一審の東京地裁は佐藤に懲役3年、執行猶予5年、追徴金7300万円の有罪判決を下す。二審の東京高裁では、驚くべき事実が判明した。

一審で賄賂目的に土地を買ったと証言した水谷建設の水谷功元会長が、「土地取引は自分が儲けようとしてやった。賄賂行為はない。知事は事件に関係なく、濡れ衣だ」と、携帯メールを佐藤の主任弁護士に送っていたのだ。水谷元会長は取り調べの検事から、「こちらの望むとおりの供述をすれば、お前の法人税法違反には執行猶予を付けてやる」と言われ、賄賂の供述をしたと告白した（『福島の真実』佐藤栄佐久）。

東京高裁は、佐藤氏に懲役2年、執行猶予4年の判決を言い渡す。ただし、追徴金は「0円」。有罪なのに賄賂はゼロという常識的には考えられない判決が下った。佐藤は最高裁に上告したが、12年10月、棄却され、判決は確定した。

権力は目の上のこぶのような佐藤を排除するのに合わせて原発推進のエンジンをふかす。米国のジョージ・W・ブッシュ政権が唱える「原子力ルネッサンス」に応えて、経産省は「原子力立国計画」を06年8月に策定した。担当の柳瀬原子力政策課長は、ワシントン詣でをくり返し、「中長期的にブレない」推進策をひねり出す。新しく建設、増設する原発の初期投資の負担軽減や、中央アジアの核大国・カザフスタンとの協力関係の構築、原子力産業の国際展開支援、有識者の広報面での活用などのメニューが並んだ。

東芝のウェスチングハウス（WH）買収に端を発する悲劇が始まるのもここからだ。長年のメーカー間の系列関係を覆して東芝はWHを買収する。これは一企業の枠を超えた国際政治案件の色彩が濃く、国の原子力立国計画なくしては不可能だっただろう。ところが案に相違して追い風は吹かず、東芝は泥沼の赤字地獄にはまったのであった。

民主党の原発輸出政策

09年に誕生した民主党（現民進党）政権は、当初、原子力政策を転換するのではないかとみられた。だが、支持基盤である日本労働組合総連合会（連合）の息のかかった国会議員が推進の声を上げ、原発の活用に傾く。大手企業の労組も既得権にしがみついた。

日立製作所原子力設計部出身の国会議員、大畠章宏（のちに経産相・国交相）が座長を務める党の「エネルギー戦略委員会」は、エネルギー安全保障上、原発は欠かせないと表明する。政権交代しても政官財学報の岩盤は微動だにしなかった。

国家戦略担当相の仙谷由人（のちに内閣官房長官）は、原発輸出に入れ込む。10年のゴールデンウィーク中、電力会社やメーカーの幹部を引き連れ、原発をベトナム政府に売り込んだ。ベトナムは、2030年までに10基以上の原発をつくる構想を掲げており、第一期工事の2基をロシアが受注していた。ベトナム戦争中から一貫して支援してきたロシアは、建設価格の安さに加えて潜水艦売却の軍事協力も申し出たといわれる。

先を越された日本政府では、資源エネルギー庁次長の今井尚哉（安倍政権の内閣総理大臣秘書官）らが原発を「パッケージ型インフラ」の中核と位置付け、輸出策を仙谷に刷り込んだ。しかし、原発輸出は数十年に及ぶ保証や建設費の高騰、核拡散など多大なリスクを抱える。売り込みに成算があったわけではなく、こねあげた予算を執行した側面が強い。

元経産官僚の古賀茂明は、「役人にとって、仕事は予算をとって使うこと。そこで、ピリオドだ。その結果には関心がない。投資したキャッシュがすべてなくなっても、キャッシュを追加するわけではない。つまり（中略）役人の世界では成果を問われない」（『日本中枢の崩壊』）と実態を記している。

日本とベトナムは原子力協定を結び、11年2月下旬、仙谷は原発受注のダメ押しに訪越する。その2週間後、原発輸出で舞い上がる政府に神が鉄槌を下すかのように東日本大震災が起き、東電福島第一原発の大事故が発生したのである。安全神話は粉々に打ち砕かれ、原子力立国計画を掲げる権力に敗北が宣告された。ベトナムの国会は、16年11月、日本とロシアが受注した原発建設計画を白紙撤回する。

国策民営の原発推進政策は、歴史的な軌道修正を受け入れる、はずだった。地震と津波が事故の引き金とはいえ、根源的な原因は「人災」だったのだから……。

人災としての3・11

東京電力福島原子力発電所事故調査委員会（国会事故調）は、「3・11」時点で福島第一原発が「地震にも津波にも耐えられる保証がない、脆弱な状態であった」と報告書に記している。東電、規制当局の内閣府原子力安全委員会と経産省原子力安全・保安院、行政当局の経産省が備えを怠っていたと指摘し、事故の根源的原因は「人災」と断定した。

そもそも東電と保安院は、福島第一原発の敷地の高さを越える津波がきたら「全電源喪失」に至ることをともに認識していた。しかし、保安院は東電が対応を先延ばしにするのを見てみぬふりをした。内閣府の安全委員会も「全電源喪失の可能性は考えなくてよいとの理由を事業者に作文させていた」と国会事故調は言い切る。

保安院と安全委員会は海外の知見に対しても消極的だった。米国では「9・11同時多発テロ事件」以降に「B5b」と呼ばれる新たな対策が取られてきたのだが、B5bの内容を知る保安院は、情報を外に出さなかった。

つまり何度も安全対策を講じる機会はあったのに「歴代の規制当局及び東電経営陣が、それぞれ意図的な先送り、不作為、あるいは自己の組織に都合の良い判断」をし、安全対策の手を抜いた。東電が対策を嫌った理由を、国会事故調はこう断じる。

「新たな知見に基づく規制が導入されると、既設炉の稼働率に深刻な影響が生ずるほか、安全性に関する過去の主張を維持できず、訴訟などで不利になるといった恐れを抱いており、それを回避したいという動機から、安全対策の規制化に強く反対し、電気事業連合会を介して規制当局に働きかけていた」

東電は、情報量の多さを武器に電事連を通して保安院に規制の先送り、基準の骨抜きの圧力をかけた。「規制する立場とされる立場の『逆転関係』が起き、規制当局は電力事業者の『虜（とりこ）』になっていた」と国会事故調は厳しく批判している。

原発の安全性の監督機能が崩壊し、対策が立てられないまま「3・11」を迎えて未曾有の事故が起きた。ゆえに人災と断定されたのである。

事故の直接的原因が地震と津波だとしても、「重要な点において解明されていないことが多い」と国会事故調は指摘する。実際の事故の進み方が明らかにできないのは、福島第一原発の重要な機器・配管類のほとんどが放射線量の高い原子炉建屋および原子炉格納容器の内部にあり、この先何年も人が立ち入れないからだ。

だが東電は、早々と事故の主因を津波とし、「確認できた範囲においては」と留保しつつも「安全上重要な機器は地震で損傷を受けたものはほとんど認められない」と政府やＩＡＥＡ（国際原子力機関）に報告した。直接的原因を津波だけに限定するのは、既存の原発への安全規制の影響を小さくしたい思惑があるからだろう。東電幹部は、津波による全電源喪失を「想定外」と言い、責任回避を試みた。

事故発生後も当事者意識を欠く東電幹部、危機管理能力が足りない首相官邸と規制当局の対応は迷走し、被害が拡大する。人災は続いたのである。痛恨の極みは、政府から被災自治体、住民へ事故情報が伝わらなかったことだ。福島第一原発からの距離によって事故情報の伝達速度に大きな差が出ている。原発立地町でも「（原発の）３キロ圏内避難」指示が出た3月11日21時23分には住民の２割にしか事故情報が届いていない。10キロ圏内の住民のほとんどは、翌12日朝５時44分の避難指示で初めて事故情報に接している。あまつさえ先を見越した情報はまったく伝えられず、被災者は着の身着のまま、雪が降るなか、あちこちを転々とした。

国会事故調は、報告書で提言を行った。それを受けて環境省外局の「原子力規制委員会」が設置され、保安院が移った。規制委員会内には事務局の原子力規制庁が置かれる。規制委員会は経産省と切り離され、一応の独立性を手に入れる。事故調査を機に安全面のチェック体制は改変された。

しかし、人災を防ぐ、ほんとうのテーマは、国会事故調も手を出せないところにあった。国会事故調は、法的な規制で「日本の今後のエネルギー政策に関する事項（原子力発電の推進あるいは廃止も含めて）」「使用済み核燃料処理・処分等に関する事項」は調査対象外だったと明記している。原発と核燃料サイクルの政策的変革こそが人災を防ぐ最大のテーマだ。人災は人智で防げるはずであり、福島原発事故が私たちに厳しく問い質したのは国会事故調も手をつけられない電力・エネルギー政策の根幹をどうするか、だった。

具体的に言うと「エネルギー基本計画」の策定である。電力とエネルギーの施策を傘のように覆うエネルギー基本計画をいかに改めるかが、日本の将来を左右する道標だったのである。

破綻したエネルギー基本計画

エネルギー基本計画とは、化石燃料に乏しい日本が国民生活と産業活動の血脈であるエネルギーを安定的に確保し、着実にエネルギー政策を遂行するために3～4年ごとに定めるものだ。経産省資源エネルギー庁の総合資源エネルギー調査会が、火力、原子力、水力や太陽光、風力などの「電源構成（エネルギーミックスまたはエネルギーベストミックス）」を含む案を示し、閣議決定される。従来は経産省がとりまとめてきた。福島原発事故が起きた時点では、エネルギー基本法に則って、03年の第一次、07年の第二次計画を経て、10年に成立した第三次エネルギー基本計画のもとで電力政策が遂行されていた。

この第三次基本計画は、次のように原発推進を謳っていた。

「2020年までに、9基の原子力発電所の新増設を行うとともに、設備利用率約85%を目指す〈現状：54基稼働、設備利用率：(2008年度)約60%、(1998年度)約84%〉。さらに、2030年までに、少なくとも14基以上の原子力発電所の新増設を行うとともに、設備利用率約90%を目指していく。これらの実現により、水力等に加え、原子力を含むゼロ・エミッション電源比率を、2020年までに50%以上、2030年までに約70%とすることを目指す」

ゼロ・エミッションとは、産業活動による自然界への廃棄物ゼロを志向する構想だ。原子力発電のどこがゼロ・エミッションなのか理解に苦しむが、14基を新設すれば、原子力の電源比率は震災前の26%から53%にはね上がる。

このエネルギー基本計画は原発事故で吹き飛んだ。福島第一と第二、合わせて10基の原発の稼働は事実上不可能となり、全国の原発が安全審査のために一斉に停止。原子力の電源比率はゼロに近づき、基本計画は画餅に帰した。原発への批判は日に日に高まり、政府は政策の見直しを迫られた。

こうした状況で、破綻した計画に代わる新しいエネルギー基本計画を、誰がどのようにつくるか。それが民主党政権下で脱原発派と原発推進派の争点に浮上したのであった。

経産省主流は、敗北を認めず、体制の護持に全精力を傾ける。秘かに「今回の悲劇をショーケース化し世界に共有」して原発輸出を続けようと確認し合う。ある資源エネルギー庁幹部は、福島が大混乱に陥っていたときに「俺ひとりで10基動かしてみせる」と豪語した。

一方、事故対応に追われる民主党政権内では、経産省任せではなく、官邸主導で電力政策を組み立てようとする機運が高まった。そして閣僚による「エネルギー・環境会議（エネ環会議）」が立ち上げられる。この会議は、国家戦略相を議長とし、経産相と環境相が副議長を務め、外相、文科相、農水相、国交相、内閣官房副長官らで構成された。設立目的は「エネルギーシステムの歪み・脆弱性を是正し、安全・安定供給・効率・環境の要請に応える短期・中期・長期からなる『革新的エネルギー・環境戦略』及び２０１３年以降の地球温暖化対策の国内対策を政府一丸となって策定するため」と示される。

成果物の「革新的エネルギー・環境戦略」は、エネルギー基本計画を包み込む政策と位置づけられる。12年夏を目途に「国民的議論」を経て革新的戦略を発表し、それに沿って新しいエネルギー基本計画を定めるという道筋ができた。

政官財の関心の的は、閣僚レベルのエネ環会議を動かし、革新的戦略を立案する事務局がどこに置かれるかだった。事務局次第で政策の方向性が決まる。民主党政権は、従来の慣習を破り、経産省内ではなく、内閣官房国家戦略室に事務局を置いた。

霞ヶ関に衝撃が走った。戦後、一貫して経産省の縄張りだった電力・エネルギー政策に官邸が手を突っ込んできたのだ。官界では「経産省の手足を引きちぎる処置だ」とささやかれた。

総勢50名弱の国家戦略室は、官民混成部隊で、もともと二つの機能に分かれていた。国家戦略大臣の下で政策を動かす官僚たちの「A」チーム、もう一つは首相に直接、セカンドオピニオンを上げる「B」チームで、こちらは研究機関などから派遣された民間人が多かった。震災後、そこにエネルギー・環境会議事務局が加わり、経産省から職員が送りこまれて「K」チームが結成される。冗談交じりに「AKB48」と呼ばれた。

官邸の強腰に驚いた経産省は、国家戦略室がコントロールできない「関東軍」になるのを防ごうと、エネ環会議事務局に選りすぐりの人材を送り込む。と、ともに電源構成を審議する「総合資源エネルギー調査会・基本問題委員会」を省内に発足させた。将来的に原子力発電の比率をゼロにするのか、それとも一定の割合を維持するのか。その電源構成、ベストミックスこそが新たなエネルギー政策の核心だった。

原発の発電コストの増大

官邸と経産省が壮絶な縄張り争いを展開するなか、元官僚のビジネスマンが国家戦略室に着任した。かつて「19兆円の請求書」を書き上げ、核燃料サイクルの再考を訴えた伊原智人である。原発事故の発生と同時に伊原は「電力需給がひっ迫する。需要のコントロールが喫緊の課題になる」と直感し、水面下で古巣の仲間に助言や提案を行っていた。そうした動きが玄葉光一郎国家戦略相に伝わり、面談の場がセットされて「エネルギー戦略のシナリオを書いてほしい」と請われ、11年7月、ふたたび官界に戻ったのだった。

43歳の伊原の肩書は課長級の「企画調整官」で、任期は2年。任期が終われば、また身の振り方を考えねばならない。伊原が加わったエネルギーチームは10人ほどのメンバーがフル回転していた。政策立案は「ペーパーの闘い」だ。原案を書いた者が主導権を握れる。従来の内閣官房は調整役に回ることが多かったが、原発事故を機に機能が変わった。国家戦略室は、自ら原案をこしらえ、他省庁と渡り合う権限が与えられていた。

国家戦略室は国策民営の岩盤にくさびを打ち込むポイントとして「コスト」を選ぶ。これまで原発の「安さ」が推進の根拠にされてきた。政府は、発電量1キロワット時当たりのコストを、原子力5～6円、液化天然ガス（LNG）火力7～8円、水力8～13円、風力10～14円、地熱8～22円、太陽光49円（04年エネルギー白書）と示していた。

はたして原発は、そんなに安いのか。国家戦略室に「コスト等検証委員会」が設けられ、伊原が事務を担当した。発電コストは、電源別にモデルプラントを想定し、「総発電費用÷発電量」で割りだす。分母の発電量は「設備容量×365日×24時間×設備利用率×運転年数」で決まる。伊原が着目したのは、分子の総発電費用だ。従来は「資本費＋燃料費＋運転維持費」が総発電費用とされてきたが、抜け落ちている費用があった。コスト等検証委員会の初回会合で、伊原はそこに言及した。

「今回の試算に当たりましては、事故リスクのコストや国が原発立地に支払う交付金など『社会的費用』についても、ご議論いただきたい。国民が電気料金とは別に税金として負担している隠れたコストも洗いだしていただきたいのです」

以前の計算式は、過酷事故が起きないという「安全神話」のもとに原発事故の収束や被害者への賠償、除染や廃炉、被災地のモニタリングや検診などにかかる費用はまったく考慮されていなかった。それを「社会的費用」と呼び、あぶり出しにかかる。

原発の社会的費用を発電コストに組み込むのは世界初の試みだった。資源エネルギー庁は「論理的整合性がとれていない」と横やりを入れる。原発の発電コストに事故リスク費用を加えるなら水力や火力も同様に扱えというのだ。検証委員会の委員たちは「水力、火力の過酷事故に要する費用は無視できるほど小さい」と退ける。

逆に検証委員会は、資源エネルギー庁が門外不出にしていた「試算ソフト」を公開させた。当初、資源エネルギー庁はあれこれ理由をつけて公開を渋ったが、伊原は「試算ソフトを他省の関係者が理解できなければ、国民への説明がつかない。『国民的合意の形成』が革新的エネルギー・環境戦略を立案する大前提だ」と押し切る。その試算ソフトは、「発電コスト試算シート」として現在も内閣官房のホームページに掲載されている。

地味な試算ソフトだが、時代を超えて継承できる羅針盤が、歴史の狭間に生み落とされた。

難題は事故リスク費用の算出だった。結局、政府が試算して公表した数字を積み上げるしかなかった。損害賠償、除染関連、廃炉、行政にかかる費用など、締めて約9兆円を含めて試算すると原発の発電コストは5円台から急上昇した。1キロワット時当たり「8・9円〜?」と試算された。他電源のコストは、石炭火力「10・3〜10・6円」、LNG火力「10・9〜11・4円」、石油火力「25・1〜28円」、住宅用太陽光「9・9〜20円」、風力「8・6〜23・1円」とはじかれる。原発の発電コストの上限が「?」とされたのは、今後の事故処理費用の膨張で上がり続けるからだ。原発の「低コスト神話」も崩れ去った。

じじつ、事故処理費用は瞬く間に増加し、16年には21・5兆円に膨らんでいる。コスト等検証委員会の委員を務めた立命館大学教授、大島堅一が21・5兆円の事故処理費を加味して独自試算したところによると、原発の発電コストは「13・1円」。火力より3円も高い。これでは原発は電力市場で生き残れない。さらに事故後の安全対策強化で原発の建設費用は、1基4000〜5000億円から倍増し、兆の単位に達する。原発は高くつき、市場競争力を失った。

脱原発指向の高まり

民主党政権内で、電源コストの試算が出そろうと、政策の核心部分、電源構成の議論が経産省の総合資源エネルギー調査会・基本問題委員会で始まった。「2030年には、どのような電力源の構成比がよいか」という問題設定で、24人の委員が案を出し合う。脱原発派と推進派、中間派の委員の主張が入り乱れ、議論はなかなかかみ合わなかった。

6人の脱原発派が0%を推すのに対し、8人が20〜25%の現状維持、原子力ムラの技術系委員は事故前の比率を超える35％を主張した。細野豪志原発担当相は「原発運転期間40年が政府方針。それに沿ったものだ。15％がひとつのベースになる」と議論を導こうとした。40年を経過した古い原発から廃炉にしていけば30年には18基が残る。それでよし、とする案だ。政府内では15％案が有力とみられていた。侃々諤々（かんかんがくがく）の議論の末、基本問題委員会は、12年6月下旬、次の4つの選択肢をエネ環会議に提示した。

①原子力0％、再生可能エネルギー約35％、火力約50％、コジェネ約15％。使用済み核燃料は、地下に埋める直接処分。再処理工場は廃止する。
②原子力約15％、再生可能エネルギー約30％、火力約40％、コジェネ約15％。使用済み核燃料は、プルトニウムを取り出す再処理と直接処分の併存。再処理工場は稼働する。
③原子力20～25％、再生可能エネルギー25～30％、火力約35％、コジェネ約15％。使用済み核燃料は全量再処理、もしくは直接処分との併存。再処理工場は稼働する。
④定量的なイメージは示さない。市場メカニズムにより効率的な比率を実現させる。

エネ環会議は、④を選択肢から外し、原発比率「0％」「15％」「20～25％」の3つのシナリオに絞り、「国民的議論」の場に諮った。国家戦略室はホームページに電力問題をわかりやすく解説した特設コーナーを設け、国民の意見を求める。7月下旬から全国11カ所で「意見聴取会」が開かれた。

仙台の聴取会では東北電力の企画部長が「会社の考えをまとめて話したい。20～25％必要だ。電力安定供給には原発を使わなければならない」と語って紛糾した。「やらせの人選ではないか！」と怒号が飛び交い、聴取会は中断した。名古屋の聴取会でも中部電力の課長が「20～25％」を推す。「（福島原発事故の）放射能の直接的影響で亡くなった人は一人もいない」と発言し、避難の途中で家族を亡くした被害者たちが激怒した。津波で行方不明になった肉親を捜せず、血涙を流して逃げた人びとの傷口に塩をぬった。政府は聴取会での電力会社の職員の意見表明を禁じる。結果的に電力関係者の原発維持発言は逆効果だった。どの聴取会場でも「0％」支持者が増え、毎週、金曜の夕方、国会周辺は「再稼働反対」「脱原発」を叫ぶ人たちで埋め尽くされた。

8月6日、野田佳彦首相は、「将来、原発依存度をゼロにする場合にどんな課題があるか……」と初めて「ゼロ」に触れた。その2日後、野党の自民、公明との党首会談で「（消費税増税を含む）『社会保障と税の一体改革』関連法案が成立した後、ちかいうちに国民の信を問う」と発言し、解散風を吹かせる。選挙を意識して民主党の若手議員は、「0％」支持に回った。パブリックコメントではゼロ支持の意見が約9割を占めた。

外圧と内圧

脱原発意識の高まりを経団連は苦々しく眺め、ゼロシナリオに猛反発した。米倉弘昌会長は、

「原発に一定程度依存しないと（電力不足で）国内産業が海外に逃げ、雇用が守られず、経済成長が落ちる」と度々語る。米国の戦略国際問題研究所（ＣＳＩＳ）が援護射撃をした。ジャパンハンドラーズのリチャード・アーミテージとジョセフ・ナイが「米日同盟――アジアの安定を保持する」というレポートを発表し、脱原発の動きをけん制する。レポートは、中国が国際的な原子力開発でロシアや韓国、フランスと組む計画を立てており、日本はその後塵を拝するべきではない、としたうえで、こう決めつける。

「原子力はなおも、エネルギー安全保障や経済成長、環境上の利点という分野で著しい可能性を持っている。日本と米国は、安全で信頼できる民間の原子力を国内的、国際的に推進するうえでの共通の政治的、商業的な利益を持っている。東京とワシントンは、（中略）安全な原子炉の設計と健全な規制の実施をグローバルに進めるリーダーシップの役割を担わなければならない」

つまり、国際的な原子力開発で「頭脳」の技術はＧＥやウェスチングハウスが担うので日本のメーカーは「手足」となって働け、と命じている。「外圧」が一気に高まった。
革新的エネルギー・環境戦略を主管する古川元久国家戦略相は、原発ゼロを推した。原発政策をめぐる攻防の「天王山」ともいえる革新的戦略の草稿（ドラフト）づくりが迫ってきた。起草者が政策の骨子をまとめ、今後の方向性をほぼ決定する。ドラフト作成メンバー6人が選ばれた。シンクタンクの研究者や大学教授、エコノミスト、元テレビキャスターとともに伊原もメンバーに入った。民間人の起草者たちは電力問題に詳しいとはいえ、行政文書には通じていない。草案の作成は伊原の双肩にかかったのである。

8月22日夜、古川国家戦略相は、東京赤坂のANAホテル内の中華レストランにドラフト起草6人衆を極秘で集め、一枚のペーパーを配った。そこには原子力発電事業に懐疑的なメンバーですら思わず息をのむ内容が記されていた。

・原発ゼロ――再生可能エネルギー、省エネルギーの推進と化石燃料火力の効率化
・40年廃炉の徹底
・原発の新増設はしない
・安全性が確認された原発のみ再稼働
・核燃利用サイクル計画の中止
・高速増殖炉「もんじゅ」の廃止
・原発を国の一元管理下に置く

古川国家戦略相は「これを盛り込んだドラフトを皆さんで書いてほしい」と要望した。6人衆

と大臣は食事を終え、ホテル内の会議室に移動する。そこに枝野幸男経産相、細野原発相、そして民主党政調会長代行の仙谷由人が合流した。

古川のペーパーに視線を落とした仙谷は、みるみる表情を強ばらせ、吠えた。

「無責任だ。俺たちは野党の国民運動じゃない。政治をやっているんだ。政府であり、与党なんだ。市民運動みたいなことをやりたければ、菅直人と一緒にやれッ」

両手で机を激しく叩いて、仙谷は激高し、怒鳴りあげる。

「積み上げたデータでちゃんとやれ。俺たちは政治をしているんだ」

仙谷は、「ちかいうち」の解散・総選挙に目がくらんで脱原発を政府が表明するのは責任放棄だと憤った。会議室は静まり返る。細野が「これが洩れたら大変なことになる。回収したほうがいい」とペーパーを集めた。

ただ、仙谷の憤激もドラフト起草者にはさほど応えなかった。「核燃料サイクルをやめられないから原発を続けるのは本末転倒」「あるべき姿を示すために（原発擁護派には厳しい）高めの球をどんどん投げよう」と伊原の案をたたき台に修正を重ねていく。

脱原発への難関は、核燃料サイクル、とくに使用済み核燃料の貯蔵や再処理のバックエンド問題だった。青森県は、90年代に放射性廃棄物の貯蔵施設や再処理工場を受け入れた時点で、国と「（地元を）最終処分地にはしない」という約束を交わしていた。危険な高レベル放射性廃棄物を最終処分地に搬出するまで「30～50年」の期限をつけて保管している。もしも原発事業が止まれば、そのまま核のゴミを押しつけられると青森県は身構える。「約束を守ってほしい。そうでなければ、預かっている放射性廃棄物を各原発サイトにお返しする」と青森県は主張した。

電力・経産連合は、核燃料サイクルを手放さない理由を二つあげる。第一に再処理をしないと使用済み核燃料が行き場を失くし、原発を稼働できなくなると訴えた。六ケ所再処理工場の容量3000トンの燃料プールの9割超が埋まっている。電事連の発表では全国の原発サイトの燃料プールは、すでに全体の72％が埋まっており、再処理工場が稼働しなければ使用済み核燃料を搬出できず、満杯になって原発が止まると高調子に言う。

もう一つの理由として、電力会社が使用済み核燃料を「資産」に計上していることをあげた。核燃料サイクル路線を放棄したら、その資産価値はゼロになり、債務超過に陥る、と……。

原発の停止を決め、電力会社の会計規則を改めればこれらの矛盾は消せるはずだが、核燃料サイクルという実現性の乏しいフィクションを前提にした構造は強固だった。

脱原発派と原発擁護派が揉み合うなかで、民主党は「2030年代に原発稼働ゼロを可能とするよう、あらゆる政策資源を投入する」と方針を決めた。中途半端な表現だが、「ちかいうち解散」の危機感で脱党に歯止めのかからない状況ではぎりぎりの言い回しだった。青森県は激しく反発した。米政府は「原発ゼロを掲げて再処理を続けるのならプルトニウムが溜まるだけだ。容認できない」と圧力をかけてくる。

「内圧」と「外圧」が迷走する野田内閣を追い込んだ。

12年9月11日、ウォレン駐日英国大使が、突然、官邸を訪れ、藤村修官房長官と面談をした。ウォレン大使は、「セラフィールドの再処理工場で預かっている高レベル放射性廃棄物のガラス固化体を引き取っていただきたい」と要請した。官房長官は慌てた。日本の電力会社は英国で再処理した後の核のゴミ、高レベル廃棄物を回収してきた。ちょうど3つの電力会社のガラス固化体28本（113・5トン）の返還時期が迫っていた。秋にも英国側は、ガラス固化体を積んだ船をバロー港から出航させ、六ケ所村に搬入する予定だった。

青森県が高レベル廃棄物の受け入れを拒めば、ガラス固化体を積んだ船はどこの港にも入れず、日本近海を延々と漂う。そうなれば、日本は国際社会で完全に孤立してしまう。官邸はとても「ノー」とは言えない。ここが攻防のターニングポイントだった。

3日後、エネルギー・環境会議は、革新的戦略を策定した。「2030年代原発ゼロ」が書き込まれた一方で、核燃料サイクルは「継続」と明記される。野田内閣は、「今後のエネルギー・環境政策については、『革新的エネルギー・環境戦略』を踏まえて、関係自治体や国際社会等と責任ある議論を行い、国民の理解を得つつ、柔軟性をもって不断の検証と見直しを行いながら遂行する」という一文を閣議決定し、革新的戦略を別添した。

この閣議決定の方法は、過去の原子力大綱や規制改革会議の答申などでも採用されており、とくに問題はない。しかし、メディアは閣議決定の有効性を疑問視して痛烈に批判する。政府関係者が「革新的戦略の閣議決定は見送り」とリークしたためにメディアは踊らされていた。土壇場で、あからさまな情報操作が行われたのだった。

そして、12年末の総選挙で民主党は改選前230議席のほぼ4分の1、57議席しか獲得できず、歴史的敗北を喫した。代わって自民党は294議席の安定多数を得て、公明党との連立政権の樹立に走り、第二次安倍晋三内閣が発足する。自民党が政権に復帰して間もなく、伊原は霞が関を去った。「革新的戦略に書いたことを実践する」ためにバイオエタノールを生産するベンチャー企業の経営者に転じた。伊原は、官邸での日々を、こうふり返った。

「これまで政策決定プロセスが見えませんでした。それを見えるようにするために国民的議論を展開したわけです。その方法にはいろんな批判があるでしょう。ただ、原発は反対、賛成の二項対立がずっと続いてきた。それを乗り越えるには国民の支持が必要です。議論をした結果、国民の過半が原発に依存しない社会を望むなら、それを政策に書くのはポピュリズムではない。原発ゼロにターゲットを決めて、それを国民、民間が信じられればグリーン産業に投資できます。そこが曖昧ではリスクを取った投資もできません」

時代の逆行と膨れ上がるコスト

安倍首相は第二次内閣を組んでまもなく、原発について「2030年代に原発ゼロを可能とする」という前政権の方針を「ゼロベースで見直し、責任あるエネルギー政策を構築する」とUターン宣言をした。電力、重電メーカーの首脳はほっと胸をなでおろす。

13年に入り、安倍政権は原発輸出を加速させる。5月、トルコを訪問した安倍はエルドアン大統領と首脳会談を行い、「日本トルコ原子力協定」と「シノップ原子力発電所プロジェクト政府間協定」の署名を交わす。トルコ北部、黒海沿岸のシノップに計画している原発4基のうち2基の建設を三菱重工とアレバが請け負うレールが敷かれた。総事業費は220億ドル（2兆200億円）、日本企業の海外プロジェクトでは史上最高額である。とはいえ、トルコのプロジェクトには建設費の高騰や為替変動による採算面の危うさ、地震国での安全と環境面での懸念、政情不安とテロの危険、核不拡散上の問題など大きなリスクがつきまとっていた。

先行してロシアが請け負ったトルコ南部、地中海沿岸のアックユ原発プロジェクト（総事業費200億ドル）では、とんでもない条件が付けられている。ロシアの国営原子力企業ロスアトムは、原発の建設だけでなく、運転、保守から廃炉措置、使用済み核燃料と放射性廃棄物の管理、事故が起きた場合の損害賠償まですべての責任を負うというのだ。

運転期間はなんと60年！　試算では年間の電力販売額が40億ドル、運転開始から15年間、トルコの電力会社が投資に見合う単価で電気を買い取って元をとるという。海外で実績をあげたいロシアはなりふり構わず受注している。

同様の条件がシノップ原発でも課せられた可能性が高い。日本企業はファイナンスや保証面で想像を絶する重荷を背負った。安倍首相は原発輸出を成長戦略の柱と見立ててセールス活動に励んだ。だが、世界を俯瞰すれば、原子力ビジネスは単に「逆風」を受けているのではなく、成立不能の領域に入っていることがわかる。電力事業はパラダイムの転換を迎えた。先見力のあるトップ企業は変化の波を確実にとらえている。

たとえば、ドイツの重電メーカー、シーメンスのペーター・レッシャー社長は、福島原発事故後にメルケル政権が22年までに全原発を廃止する「脱原発」の方針を決めると、すかさず「原発撤退」を表明した。天然ガス、風力と再生可能エネルギー、スマートグリッド（次世代送電網）などに経営資源を投入し、電力事業の体制を大胆に変えた。

もう一つのトップ企業、GEの最高経営責任者ジェフ・イメルトは、英紙フィナンシャル・タイムスのインタビューで原発は「（経済的に）正当化するのが非常に難しい」と語った（12年7月30日付）。原発産業は福島のメルトダウン（炉心溶融）で追加コスト増と不確実性に直面したと述べる。太陽光パネルは過去3年間で75%値下がりし、数か国で小売り電力の価格競争力を持ちつつあると言及した。

GEの原子力部門は、とうに炉の製造ラインを閉鎖しており、核技術の中枢を握って技術料を得るビジネスモデルに様変わりしている。いつでも原発から撤退できる体制だ。提携相手の日立は、いわば「敗戦処理」につき合わされているようなものだろう。

先を見越した重電メーカーが原発を捨てて好調を保つのに対し、原発にすがる企業は深刻な経営不振に陥っている。フランスのアレバが、その典型だ。アレバは、航空機の衝突にも耐えられ、事故で電源が失われても自動的に原子炉が停止するという触れ込みの「EPR（欧州加圧水型原子炉）」を20年以上かけて開発してきた。フィンランドのオルキオト原発やフランスのフラマンビル原発でEPRは採用された。

けれども、いざ着工するとコンクリートの欠陥や詳細設計と機器製造の遅れが重なり、工期延長がくり返される。オルキオトのEPRの完成予定は、09年から10年以上延びた。EPR1基の総建設費が、当初見積もり約4100億円から約1兆1600億円へ3倍ちかく膨れ上がり、たとえ完成してもアレバが約5300億円の損失を被ることが露呈する。

経営は悪化し、14年の最終損益で7000億円の赤字を出した。事実上破綻したアレバを、フランス政府はフランス電力会社（EDF）の傘下に入れ、何とか延命している。

世界の電力産業は、未来志向の自然エネルギー開発と、過去のしがらみに囚われた原発依存で、優劣がついた。この状況で、安倍政権は、民主党政権下で不成立に終わった第三次エネルギー基本計画を策定する。そして原発を、こう持ち上げた。

「（原子力発電は）燃料投入量に対するエネルギー出力が圧倒的に大きく、数年にわたって国内保有燃料だけで生産が維持できる低炭素の準国産エネルギー源として、優れた安定供給性と効率性を有しており、運転コストが低廉で変動も少なく、運転時には温室効果ガスの排出もないことから、安全性の確保を大前提に、エネルギー需給構造の安定性に寄与する重要なベースロード電源である」

時代が何十年も前に戻ったようだ。政府は、老朽原発の稼働延長も認め、2030年の原発比率を「20～22％」と発表した。果敢に未来を切りひらく世界と、古い国際原子力シンジケートの歯車に組み込まれ、欧米の原子炉メーカーの下請けに甘んじて思考停止してしまった日本。そんな時代錯誤が、東芝崩壊で可視化された。政府が鳴り物入りで進めた原発輸出も挫折している。ベトナムは、16年11月、「経済的理由」で日本が受注した原発建設計画を白紙撤回した。トルコの原発プロジェクトも採算が合わず、暗礁に乗り上げた状態だ。原発に固執すればするほど、国富が蕩尽されてゆく。

Ⅲ　テロリストが原発を攻撃する日——プルトニウムの呪縛

明らかになる原発三大メリットの虚構性

ふり返れば原子力発電所は、コストの安さ（経済性）、クリーンさ（二酸化炭素排出量の少なさ）、準国産エネルギー（安定供給性）という三つの利点を掲げて、狭い日本の海岸端に建てられてきた。福島の事故を経て、それら三大メリットの虚構性が露わになった。

まず、経済性の面では除染や被災者への補償、廃炉など事故対応の費用が数十兆円に膨らむとみられ、原発のコストを押し上げている。安全基準の厳格化に伴って原発の補修費もうなぎのぼりだ。民間の電力会社が新設するのは不可能にちかい。使用済み核燃料の貯蔵や再処理、最終処分にかかる費用も膨大だ。

原発が高くつくことを、一番よく知っているのは、推進してきた経産省自身だ。

２０１４年８月、経産省は総合資源エネルギー調査会の原子力小委員会に、原発で発電した電気に「一定の販売価格の保証」をする制度や、廃炉で電力会社の経営が傾くのを防ぐための「会計制度の見直し」を提案した。自由化後も電力会社が原発を維持できるよう支援しているわけだが、これは従来の「原発は安価」とする政府方針の自己否定であろう。原発の電力が安ければ販売価格を高く保証したり、会計制度を変えたりする必要はないはずだ。

二点目、原発がクリーンだと言うのは、もはや、たちの悪い冗談でしかない。原発事故で福島県を中心に広大な山野が汚染され、いまも健康被害に悩みながら数万人が避難している。原発を稼働すれば、放射性廃棄物は溜まり続け、負担が子々孫々にまで及ぶ。

原子力規制委員会は、16年8月末、原発の廃炉で出る放射性廃棄物のうち、原子炉の制御棒など放射能レベルが比較的高い廃棄物の処分方針を決めた。地震や火山の影響を受けにくい場所の地中70メートル以深に埋め、電力会社に300～400年間管理させる。その後は国が引き継いで、10万年間、掘削を制限するのだという。

はたして電力会社は400年も経営を維持できるのだろうか。日本国が10万年も存続するだろうか。原発と核燃料サイクルを維持する限り、10万年単位の不確実性が拡大し続けていく。

三つ目の原子力発電の安定供給性も福島原発事故で吹き飛んだ。ひとたび事故が起きれば多くの原発が一斉にストップしてしまう。東日本大震災直後の計画停電の混乱も記憶に新しい。大きな地震が発生するたびにビクビク、オロオロする国に私たちは生きている。

17年2月末現在、廃炉が決定した福島第一原発6基を除く、全国43基の商用原発のうち、九州電力川内原発1号機、四国電力伊方原発3号機の2基しか稼働していない。あとは震災後の定期点検停止や地震による自動停止が継続中だ。私たちは、ほぼ稼働ゼロの状態を震災後6年以上経験し、電力不足にも陥らず、原油価格の低下で火力発電の燃料輸入による赤字も解消されて暮らしている。停止中の原発を再稼働させると、ふたたび災害や事故でいつ停止するかしれない不安定な状態に戻ってしまう。

冷静に考えれば、原発の三大メリットはとうに消え、再稼働でもたらされるリスクが高いことに多くの人が気づくだろう。

それなのに、電力会社は廃炉による財務悪化に怯え、立地自治体も交付金漬けの財政を転換できず、はたまた経産省は米国の下請け指令に「ノー」と言えず、身をかたくして立ち尽くすばかりだ。この間にも原発リスクは高まり続けている。

硬直化する日本の電力政策

負の膠着を解きほぐし、方向転換する手段はないものだろうか。そろそろ停止中の原発を電力会社の資産から切り離し、国家管理の枠に入れて廃炉へのプロセスを進めることを真剣に議論してはどうだろう。経営破綻の恐怖が薄れ、身軽になった電力会社は、後顧の憂いなく、自然エネルギーや高効率で二酸化炭素排出量の少ない火力の開発に力を注げる。地元自治体に対しては、原発以外の産業の柱をつくるために「人、モノ、金」の長期的な振興策を提供する。そんなシナリオが必要ではないか。

だが……、政府は目先の利害に引きずられ、泥船から降りられない。

硬直化した原発、電力政策を見るにつけ、太平洋戦争で敗北した日本軍の「戦略の狭さ」を思い浮かべるのは私だけだろうか。『失敗の本質——日本軍の組織論的研究』（中公文庫）は、日本軍の作戦に共通する失敗要因に「あいまいな戦略目的」「主観的で『帰納的』な戦略策定——空気の支配」とともに「狭くて進化のない戦略オプション」をあげている。奇襲戦法へのこだわりや、米軍の技術体系の革新という環境変化への対応の拙さを示し、失敗の根本要因を、こう指摘する。

「本来、戦術の失敗は戦闘で補うことはできず、戦略の失敗は戦術で補うことはできない。とすれば、状況に合致した最適の戦略を戦略オプションのなかから選択することが最も重要な課題になるはずである。ところが、陸軍に比べて柔軟だといわれた海軍の戦略発想も意外に固定的なものであった。その原点の一つは日露戦争における日本海海戦にまでさかのぼる。この海戦で日本が大勝したために、大鑑巨砲、艦隊決戦主義が唯一至上の戦略オプションになった」

こうして海軍の短期決戦、奇襲、艦隊決戦主義といった狭い戦略オプションが「海戦要務令」にまとめられ、代々、教条化されたのだった。

原発再稼働を既定路線として原発輸出を進める政府には、世界で進展する電力・エネルギー技術体系の革新に背を向け、時代遅れの大鑑巨砲にしがみつく危うさが感じられる。こうしている間も、日本の原発や高レベル放射性廃棄物の貯蔵施設、使用済み核燃料の再処理工場、ウラン濃縮工場といった原子力関連施設には深刻な危機が迫っている。年々高まる巨大地震や津波のリスクだけではない。

テロリストが原発や核関連施設を狙う。その足音も高まっている。

原発テロがいつ起きても不思議ではない時代に突入したのである。

核を利用したテロの可能性

２０１６年3月31日、バラク・オバマ米大統領は、ホワイトハウスに各国首脳を招いてワーキングディナーを開いた。ディナーのテーマは「核セキュリティ脅威の認識」だった。核セキュリティとは、テロリストなどが核兵器や核燃料物質（プルトニウム、濃縮ウラン等）、その他の放射性物質を盗んだり、原発や核関連施設を破壊したりするのを防ぐことだ。07年に発効した「核テロ防止条約」でそう規定されている。大統領就任直後、核廃絶を訴えてノーベル平和賞を受賞したオバマにとって、核セキュリティは一生背負わねばならない課題でもある。

翌日からの「核セキュリティ・サミット」に向けて、ゲストたちは頻発するテロ事件について語り、核テロが世界の安全保障上の脅威だと確認し合った。過去の会合よりも緊迫感がみなぎっていたのは無理もない。わずか9日前、ＥＵ（欧州連合）本部が置かれたベルギーのブリュッセルで、連続爆破テロが起きたばかりだった。死傷者の数は370人に及び、事件後、IS（イスラム国）が「イスラム国に対する攻撃への代償として、十字軍同盟は暗黒の日々を迎えることを思い知らせる」と犯行声明を出していた。

ベルギーのテロの最初のターゲットは、原子力施設だった。地元紙によると、自爆死したイブラヒム・バクラウィ、ハリド・バクラウィ兄弟は、以前からベルギー北部、モルの原子力施設（放射性廃棄物貯蔵や核燃料製造の関連施設）に勤める技術者の動向を監視カメラで撮影していたという。その技術者はベルギーの原子力行政を担う高官で、兄弟が撮った動画は15年末、パリで起きたテロに関わる家宅捜索で押収されていた。

バクラウィ兄弟は、技術者を監視して、原子力施設やベルギー内の2ヵ所の原発（ドール、チアンジュ）の襲撃をくわだてていたとみられる。

それまでにもベルギーの核セキュリティの弱さはたびたび指摘されていた。12年にはドール原発の職員二人がイスラム系の過激思想に染まり、退職してシリアに渡った。のちにISに加わっており、原発の機密情報が洩れた可能性もある。ドール原発では14年にも職員が蒸気タービンの潤滑油を抜き取り、摩擦で機械が故障する事件が起きたばかりだった。

ISは原発への攻撃に加えて、原子力施設から放射性物質を盗み、核汚染を起こす「ダーティボム（汚い爆弾）」の製造も企図しているとの見方が広まった。放射性物質を適量の爆発物で拡散させるダーティボムは、冷戦構造が崩壊し、旧ソ連邦が保有していた大量の核物質が盗難や不正売買で「闇市場」に出回ったころから懸念されてきた。中央アジアや南コーカサスの旧ソ連邦には核関連施設が多数あり、連邦崩壊と同時に保管されていたセシウムやストロンチウムなどの放射性物質の管理体制が緩んで、流出していた。

２００１年の「９・11」米国同時多発テロを実行したアルカイダの上級幹部の自宅から押収された証拠品には「スーパーボム」と題した論文が含まれていた。論文を検討した元国連査察官デイビッド・オルブライトは「アルカイダは、核兵器取得という長期的な目標に近づいており、もしあと数年アフガニスタンで実権を握っていたら核兵器の取得に成功していたかもしれない」（『核テロ　今ここにある恐怖のシナリオ』グレアム・アリソン著）と警告した。03年の米国世論調査では、国民の10人に4人が「テロリストによる核攻撃の可能性を常に心配している」と答えている。

恐怖は人を攻撃へと駆り立てる。米英は、サダム・フセインが支配するイラクに対して「大量破壊兵器の保有を過去公言し、かつ現在もその保有の可能性が世界の安保環境を脅かしている」と戦争を仕掛けた。その後、大量破壊兵器保有の証拠は見つからず、イラク戦争の大義は失われる。イラクを親米国家に改造する過程で混沌はさらに深まり、フセインを支えたバース党を母体にＩＳが出現し、中東は殺戮の地と化した。仮に中東地域を再編し、エネルギー資源を収奪する遠大な策略が米国にあったにしても、核テロの危険性が通奏低音として響いている現実を、私たちも知っておかなくてはなるまい。

テロリストとターゲットとしての日本人の距離は、ＩＳによる日本人ジャーナリスト人質事件で一気に縮まった。ＩＳが後藤健二氏らを拘束していた２０１５年1月、安倍晋三首相はカイロで「ＩＳＩＬと闘う周辺各国に、総額で2億ドル程度、支援をお約束します」と明言した。この部分は、そもそも外務省の準備稿にはなく、安倍首相本人もしくは側近が演説の直前に思いついて入れた可能性が高いといわれている。

ＩＳは安倍首相が敵に加勢したと受け取り、「日本はイスラムから８５００キロも離れながら自発的に十字軍に参加した」と断言。身代金として2億ドルを72時間以内に払えと要求してきた。要求が受け入れられず、ＩＳは後藤氏らを惨殺する。「このナイフは後藤だけでなく、どこであろうと日本人を殺し続けるだろう。日本にとっての悪夢の始まりだ」とメッセージを出した。

安倍首相の発言がＩＳに日本人を狙う理由を与えたことは否定できないだろう。

核テロのリアリティは、強まりこそすれ、薄れてはいない。

バクラウィ兄弟が撮った動画を押さえたベルギー治安当局は、軍隊を原発と関連施設に派遣して警備を強化した。複数の原発職員の立ち入りを禁じる。原子力施設への襲撃を察知された兄弟は、急遽、標的を空港と地下鉄に変えて爆破テロを決行したとみられる。

ベルギーの連続爆破事件は、原発や原子力施設をターゲットにした核テロの実相を浮かび上がらせた。テロリストは徒党を組んで正面から突撃してくるのではなく、あらかじめシンパや内通者を原発や関連施設内に潜ませ、情報を得てテロ計画を立てる。セキュリティの鍵は「人」が握っている。

原発で働く人の身元調査は徹底しなくてはならないのだが、廃炉が急がれる福島第一原発の現場では、相変わらず下請け、孫請け、曾孫請けの会社からさほど厳しいチェックも受けずに作業員が送り込まれている。テロリストが作業員に変装して福島第一原発に侵入するのはさほど難しくないだろう。

警備面では原発や関連施設、核物質の輸送船などへのテロ攻撃を防ぐには軍隊レベルの対抗力が求められている。日本の原発に配置された民間の警備員では太刀打ちできない。原発テロでは、核物質の「窃盗」も視野に入れなければならない。テロリストは、プルトニウムや濃縮ウランはもとより、ダーティボムの材料になる放射性物質も狙う。核のゴミには10万年単位の毒性とともに、盗難の危険性もつきまとう。

テロリストにとって核と原発は一体

では、「核兵器～原発とテロリズムの関係」を図で整理しておこう。

核テロを狙う側から見れば、「核兵器の開発」と「原子力発電及び核燃料サイクルの推進」は一体的なターゲットと映る。核兵器開発と原子力発電は、使用済み核燃料の再処理によるプルトニウム抽出、ウラン濃縮でつながっており、これらは「核の機微技術」と呼ばれる。核燃料や放射性廃棄物の運搬、貯蔵、処理などの技術も共有しており、いずれもテロの標的となりやすい。

核テロのパターンは、次頁の図に示したようにⒶ原発や関連施設、運搬手段への妨害破壊、Ⓑ

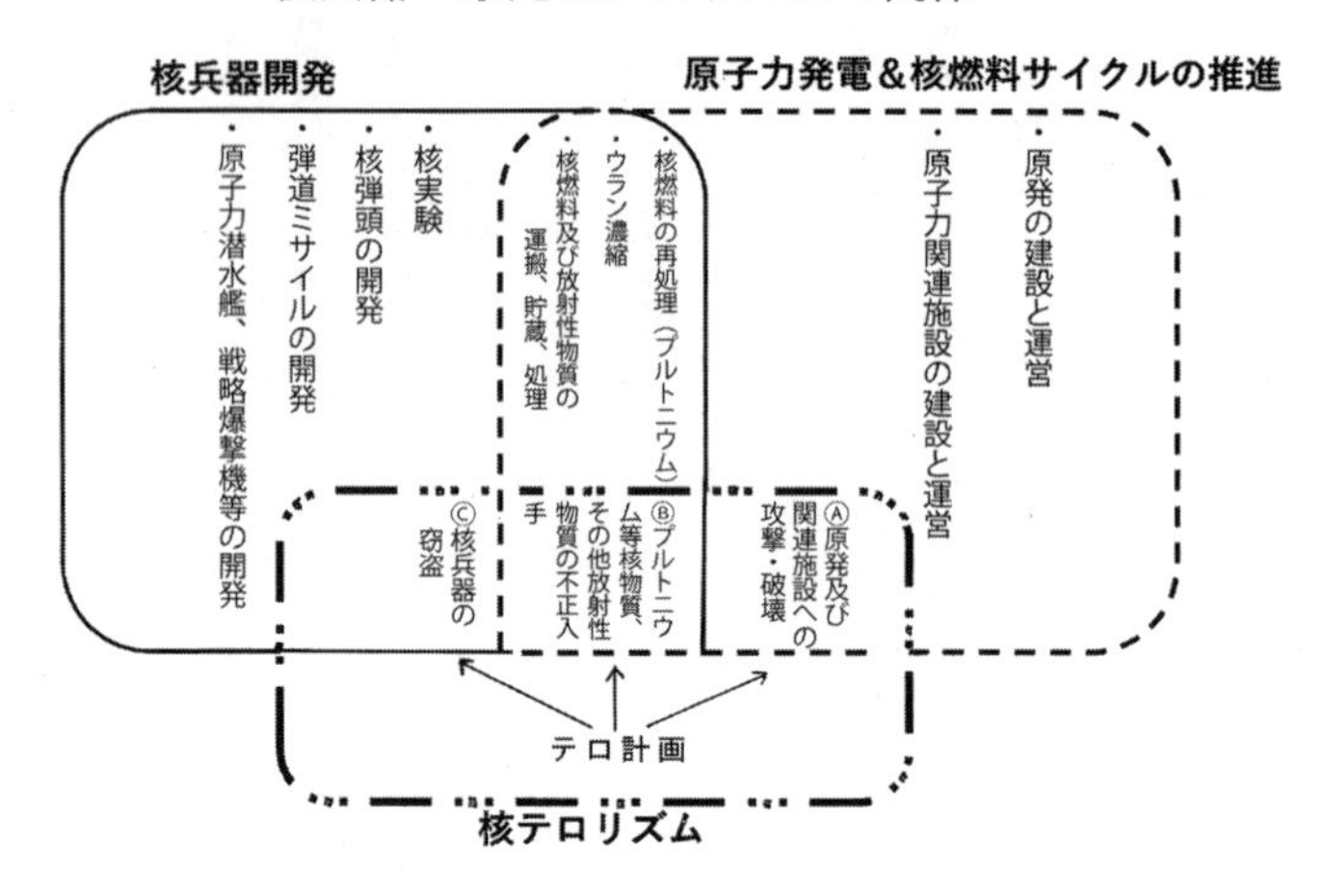

プルトニウム等の核物質、その他の放射性物質の不正入手（それによる核兵器やダーティボムの製造）、Ⓒ核兵器の窃盗という三つに大別できる。テロリストにとって核兵器と原発はコインの裏と表のようなものだ。

だからこそ、核燃料の再処理で生まれるプルトニウムや、濃縮ウランは、「核兵器不拡散」と「核セキュリティ」の両面から厳重な管理、最小化が求められる。たとえ核物質が国際原子力機関（ＩＡＥＡ）の管理下にあっても、不必要なプルトニウムや濃縮ウランは安全保障上の障りとなる。ましてＩＡＥＡが管理できない核物質の増加はゆゆしき問題なのだ。核の安全性を総合的に高めるには、ターゲットとなる核物質や核兵器、原発と関連施設を減らすほかない。

しかし、国際社会は核不拡散をタテマエと

しながらも現実には核開発を抑えられず、非核保有国には「原子力の平和利用」という名目で原発というアメを配ってきた。その中心は国連安全保障理事会の常任理事国＝米国、ロシア、イギリス、フランス、中国の五か国である。常任理事国は、「核兵器不拡散条約（ＮＰＴ）」で自分たちの核保有を認め合う一方、他国の核保有を禁じる。第二次世界大戦の〝戦勝国クラブ〟が安全保障と核をコントロールしているわけだが、ＮＰＴ非加盟のインド、パキスタン、イスラエル、北朝鮮も核兵器を保有し、イラン、ミャンマー、シリアなどが核開発の疑惑を持たれている。

こうした状況で、日本にも核セキュリティに関して疑いのまなざしが世界から向けられている。視線の先にあるのは国策の核燃料サイクルで溜めこんだ約48トンのプルトニウムだ。核兵器６０００発分に相当する在庫プルトニウムをどう減らしていくのか、世界は注視している。

日本が「ウラン資源の有効利用」を掲げ、核燃料サイクル政策を基本方針としたのは１９５０年代だった。核保有国以外では唯一、使用済み核燃料の再処理によるプルトニウム抽出が認められ、イギリス、フランスに再処理を委託する。77年からは、日本の原子力技術者が東海再処理施設でプルトニウムの抽出を始めた。

当初、再処理で取り出したプルトニウムは高速増殖炉で使う予定だった。高速増殖炉は、燃やした以上のプルトニウムを生みだし、半永久的に稼働できる「夢の原子炉」と喧伝された。だが、技術的な壁は厚く、研究用の増殖炉「もんじゅ」は1兆円以上の予算を投じながら事故が続き、実用化の見通しが立たず、廃炉が決まった。

高速増殖炉の選択肢を失った政府は、核燃サイクル政策の柱を、ウランとプルトニウムを混ぜた「MOX燃料」を原発の軽水炉で使う「プルサーマル計画」に変えている。ただし、プルサーマルで消費できるプルトニウムの量は限定的だ。加えて福島原発事故後の稼働停止でプルサーマルの実施はどんどん遅れ、プルトニウムが溜まる一方なのだ。

その間も政府は青森県六ケ所村の再処理工場の建設に執着してきた。1993年以来、約2兆2000億円の費用を投じているが、再処理工場は完成していない。プルトニウム在庫は溜まり続け、このまま原発を再稼働すればプルトニウムは減るどころか、さらに増える。日本はプルトニウムをどうするつもりなのか。八方破れの核燃料サイクルがもたらした在庫プルトニウムに対する世界の、わけても米国の視線は厳しい。

在庫プルトニウムへの米国の懸念

ワシントンで核セキュリティ・サミットが開かれる2週間前、米国の国際安全保障・不拡散を担当するカントリーマン国務次官補は、米上院外交委員会で日本と中国の再処理政策にはっきりと異を唱えた。日本が青森県六ケ所村で稼働を目ざす再処理工場について、韓国や中国も同様の計画を検討し始めたことに触れ、「プルトニウム在庫量の増大は、地域に緊張をもたらす重要な安全保障課題」と語った。

さらに「いかなる国においても再処理に経済的な合理性はなく、核セキュリティと不拡散上の心配を強めるものだ。米国は支援しないし、奨励もしない」「すべての国が再処理事業から撤退すれば非常に喜ばしい」と、大きく踏み込んだ発言をした。

翌日、菅義偉官房長官は会見で、米政府から日本政府に再処理について懸念を伝えられたことは「まったくない」と打ち消した。外務省幹部は「日本以上に厳格で透明性をもって管理をしている国はない」と反論する。再処理問題は日米同盟の重要な鍵を握っている。米国の冷ややかな態度に政府関係者は色めき立った。

折しも安倍内閣は電力自由化後も着実に使用済み核燃料の再処理を進めるための「再処理等拠出金法案（再処理認可法人設立法案）」を閣議決定し、法案成立に向けて突っ走っていた。この法案は、原子力事業者に再処理に必要な資金の拠出を義務づけ、新設の認可法人に金を集めて再処理を続けるというもの。その後、法案は成立するのだが、微妙なタイミングで冷水を浴びせられた政府は、米国側の真意を確かめようとした。

ＮＨＫが、16年3月28日の「国務省オンライン記者会見」でカントリーマン国務次官補に質問を投げかけた。

「米国政府は、最近、日本その他の国がやろうとしているプルトニウム再処理についての懸念を再度、表明した。あなたは、日本の再処理に反対し、この計画を放棄するように日本に要請するか。イエスとすればなぜか。でなければ、なぜそうしないのか」

カントリーマン国務次官補は、こう答える。

「日本は、原子力の民生用利用のパイオニアになっている。そして、この分野――民生用原子力――において、米国にとって日本より重要で親密なパートナーはない。核燃料サイクル政策を追求するに当たって、日本は、その使用を明確に想定できないプルトニウムを蓄積しないとの約束をした。日本は、世界全体に見えるような透明なかたちでやってきた。だから、我々は、日本がこの方針に違反するとか、不拡散問題に関する極めて完全な経歴に反することをするとの懸念は持っていない」

と、ここまでは上院外交委員会での発言のトーンを弱めたように聞こえるが、重要なのはその後だ。

「従って、プルトニウムの蓄積ということで言えば、これは、日本がその国家核燃料サイクル政策の下で決めたことだ。これは、日本の選択だ。この政策選択について承認するとか反対するとかというのは米国の役割ではない。しかし、最も緊密な同盟国として、我々両国には透明性についての責任がある。両国が、核燃料政策サイクル政策の選択肢と関連する核不拡散面での懸念事項、核セキュリティ面での懸念事項、経済面で懸念事項について、非常に明確にしておく責任がある。それで、我々は、これらの選択について、両国同士で、また、日本の人々に対してできるだけ透明であるように務めていく」

カントリーマン国務次官補は、日本の立場を認めながらも、「透明性についての責任」をくり返し訴えた。念頭には、2018年7月に有効期限が切れる「日米原子力協定」がある。日本が再処理を続けてこられたのは、原子力協定で米国がお墨付きを与えているからだ。協定を延長するにしてもプルトニウム在庫の問題に米国が斬り込むのは必定。国務次官補は「懸念事項について、非常に明確にしておく責任がある」と念を押したのである。

核ヘッジ戦略とは

こうしたやりとりを踏まえて、安倍総理は、16年4月1日、核セキュリティ・サミットのオープニング・セッションで、東日本大震災後の全世界からの支援に感謝したあと、こう発言した（外務省「第4回米国核セキュリティ・サミットにおける総理発言概要」より）。

「日本は、二度とあのような事故を起こさないとの決意の下、原子力の平和利用をふたたびリードすべく歩み始めた」

「福島事故の経験を踏まえ、世界で最も厳しいレベルの新規制基準を作成。事故の教訓を世界と共有し、原発の安全性、事故対策の知見を世界に広げていく」

「世界で原発が建設されるなか、原子力の平和利用を将来にわたって維持していくためには完全な透明性の確保が必要。日本は一貫して民生用原子力の透明性の向上について世界をリードしてきた。各国がさらに努力していくことを訴えたい」

安倍首相はカントリーマン国務次官補が投げかけてきた「透明性」というキーワードを、スピーチに盛り込んだ。完全な透明性を確保していると胸を張ったが、問題は、その中身だ。安倍首相はオープニング・セッションで、こう言葉を続けた。

「核物質の最少化・適正管理に関し、日本は『利用目的のないプルトニウムは持たない』との原則を実践。（略）日本原子力研究開発機構の高速炉臨界実験装置（ＦＣＡ）の高濃縮ウラン燃料とプルトニウム燃料の全量撤去を、日米で緊密に連携し、予定を大幅に前倒しして完了」

安倍首相は核物質の減量を強調した。ただし、米国に返還された研究用プルトニウムは３３１キロにすぎない。蓄積されたプルトニウムは約48トンもある。事前に安倍首相は米軍縮ＮＧＯ「軍備管理協会」などから、六ケ所村の再処理工場の運転を「無期限延期」するよう書簡を送られていたが、スピーチでは在庫プルトニウムを減らす具体的な方法にはひと言も触れなかった。再処理路線からの撤退は日本政府の眼中にないようだ。

なぜ、日本は頑なに再処理路線を維持しようとするのか。その根底には「核ヘッジ戦略」という聞きなれない考え方がある。プルトニウム抽出やウラン濃縮といった核の機微技術を持ち、ロケット技術と組み合せれば短期間で核武装できる。国際的には日本は2年、あるいはもっと短期間で核開発が可能とみられている。その気になれば核武装できるが、あえて行わず、技術力自体を「潜在的核抑止力」として見せつける。原子力技術を核武装の選択肢（核オプション）とみなす考え方だ。この思考は、歴代の自民党幹部に受け継がれてきた。詳しくはⅣ章で述べるが、核ヘッジ戦略と核武装論は紙一重である。

もしも薄皮を突き破って日本が核武装に転じれば、アジアで核武装ドミノが起きるだろう。韓国はもとより、近隣諸国が核兵器を持ち、地域の緊張は高まって一触即発の状態に陥る。米国が最も恐れているのは、それだ。核武装ドミノは核テロの危険性を一段と高める。

多量のプルトニウム在庫を抱えた日本は、核セキュリティで警戒対象となった。原発の安全神話は福島原発事故で砕け散った。もう一つの「原子力の平和利用」という神話も崩れつつある。政府が再処理にこだわることで核兵器と原発の境が溶けかけている。

では、核テロの現実、原発や関連施設への攻撃や核物質の盗難に対して日本はどのように向き合ってきたのか。日本では核テロを遠い国の話と受けとめる人が多いが、無関心の裏には核テロの研究をしながら国民にその事実を隠してきた政府の姿勢がある。知らなければ関心の持ちようがない。時代を30年あまりさかのぼって検証してみたい。

外務省の「部外秘」原発テロ研究報告書

1984年3月、外務省国際連合局軍縮課長名で「部外秘」の研究報告書が50部限定で省内に配られた。まとめたのは、外郭団体の財団法人日本国際問題研究所。報告書には「原子炉施設に対する攻撃の影響に関する一考察」とタイトルが付けられていた。「ことわりがき」には、こう記されている。

「我が国においてはこれまで原子力施設、特に原子力発電所が攻撃された場合の影響に関する研究論文の類が全く存在していなかった。仮りにかかる論文が公になった場合の各方面（例えば、反原発運動等）への諸々の影響を考えれば、書かれなかったこと自体当然であったかもしれない」

報告者は原発批判をされないために原発テロの研究が行われなかったのは当然としている。

「しかしながら、実際に軍縮会議において今後も原子力施設攻撃禁止問題の検討に携わっていく立場にある者としては、原子力施設に対する攻撃が行われた場合の影響がどのようなものとなるかを知っておくことは必要不可欠であり、（略）委託研究を依頼した次第である」と、背景が述べられている。

外務省が密かに原発テロ研究を手がけたのは、その3年前に戦闘機による原子力施設への攻撃が実際に行われたからだった。爆撃を行ったのはイスラエル空軍であった。

1981年6月7日、イスラエル空軍のF－16戦闘機8機は、護衛のF－15戦闘機6機とともにエツィオン空軍基地を飛び立った。ヨルダン、サウジアラビアの領空を侵犯し、イラク防空網の死角を縫って同国原子力研究センターに接近。完成間近の研究用原子炉「オシラク」に16発の爆弾を投下し、14発が命中した。格納容器内部は、原子炉容器を含めて徹底的に破壊される。この空爆でイラク軍兵士10名とフランス人技術者1名が死亡した。

当時、サダム・フセインが独裁体制を固めたイラクは、隣国のイランと交戦中だった。国際社会は当初、イランが攻撃をしたのかと疑ったが、翌日、イスラエルが国民の安全確保のためにイラクが核武装する前に「先制攻撃」をしたと発表。原子炉稼働後に爆撃すれば「死の灰（放射性降下物）」が広範囲に飛び散るので、稼働前に攻撃したと表明した。

イラクは核不拡散条約（ＮＰＴ）に加盟し、国際原子力機関（ＩＡＥＡ）の査察下でフランスから核燃料と技術者の支援を受けて研究炉を建てていた。ＮＰＴ加盟国はイラクの原子炉建設を認めていたのだが、イスラエルは産油国でエネルギーの心配のないイラクが原子力開発をするのはおかしい、核武装のためだと決めつける。その根拠を次のように並べた。

・かつてイラクはプルトニウム生産用の黒鉛炉をフランスから購入しようとした。
・研究炉は強力な材料試験炉であり、発電用原子炉の自力開発計画のない国にとって、極めて奇妙な行動である。
・燃料として濃度の低いウランではなく、（核兵器に転用できる）濃縮度92％の高濃縮ウランの入手に固執しており、フランスが70kgの供給を約束している。
・天然ウラン約２５０トンも購入しており、プルトニウム生産以外の用途が考えられない。
・プルトニウム分離技術を取得しようとする動きがみられる。

疑わしきは叩け、とばかりイスラエルは先制攻撃をした。中東に核兵器を拡散させないためだと正当化したが、数年後、イスラエル自身が60年代からフランスの協力で核開発を行い、多くの核兵器を保有していることが自国の元核技術者によって暴露される。核武装に走ったイスラエルは、イラクもそうすると信じ、自らの影に怯えて攻撃したともいえる。

国連安全保障理事会は、イスラエルの軍事行動を強く非難した。「本攻撃は、NPTの基礎であるIAEA保障措置全体に対する重大な脅威である」とし、「イスラエルに対し，その核施設をIAEAの保障措置下におくよう緊急に要請する」と決議した。

しかし、その後もイスラエルはNPTに入らず、事実上の核保有国として中東に覇をとなえる。イスラエル政府は核兵器を持っているともいないとも公表していない。米ロ英仏中の核保有国は、イラクやイラン、北朝鮮の核武装には「徹底的な制裁」を求める一方で、イスラエルの振る舞いは黙認した。NPT体制には非加盟国へのダブルスタンダードが張り付いている。

ともあれ、イスラエルによる原子炉攻撃で、日本の外務省も原発テロ研究の重い腰を上げた。「原子炉施設に対する攻撃の影響に関する一考察」は、破壊の程度で3段階のシナリオに分けて報告をしている。

①送電線や原発内の電気系統が破壊され、補助電源を含む全電源を喪失。
②原子炉の格納容器が爆撃（ないし砲撃）され、全電源や冷却機能を喪失。
③命中精度の高い誘導型爆弾（ミサイル）数個によって格納容器だけでなく、その内部の原子炉容器が破壊され、さらに炉心も爆破。

この研究で東日本大震災後に福島第一原発で起きた「全電源の喪失」が予想されていたことは

刮目に値する。テロリストが原発に侵入し、電気系統を破壊しただけで核テロは成功する。福島第一原発事故の30年ちかく前に電源が弱点だと「想定」していたのである。報告書は、被害の推定に際し、特定の原発ではなく、日本の原発周辺の人口分布とよく似た米国の原発安全性評価リポートを参考にしている。

シナリオ①と②は、いずれも炉心溶融（メルトダウン）が起きて燃料棒内の放射性物質が放出され、格納容器へ移り、さらに格納容器の破損個所を経て大気中に放散される点で共通する。ただし、シナリオ②では格納容器がまず破壊されているので炉心溶融から放射性物質の大気放出までの時間が短い。大気中に放出される放射性物質の量は①を上回る。

シナリオ③は、①②より過酷な事態が生じる怖れが大きいが、被害状況によって大気中に放出される放射性物質の割合は変動し、数字で分析することは困難だった。そうした事情から、シナリオ②の被害推定が報告書に記される。

報告書は、標準的な100万キロワット級の軽水炉が爆撃されて格納容器が破壊され、炉心溶融から放射性物質の大気放出が生じた場合、緊急避難をしなければ「急性死亡」が最大1万8000人、平均3600人、「急性障害」が最大4万1000人、平均6300人に達する、と予測している。急性死亡の主な原因は「骨髄の被曝」だ。長期的には、晩発性のがんによる死亡、土地利用制限の影響も出る。人が住めなくなる地域は平均で周囲30キロ圏内、最大で87キロ圏内と算出している。

これは、あくまでも②に限定した被害推定だ。原子炉容器や炉心をも破壊したイスラエル空軍の攻撃が、万一、稼働中の原発に対して行われれば想像を絶する被害が生じる。原発への攻撃は核兵器の使用と同一線上にある。

報告書に目を通した官僚は背筋が寒くなったことだろう。

ところが、外務省軍縮課は「機微な性格及び関係方面への影響等を勘案」して報告書を「部外秘」にして首相官邸や原子力委員会にも提出しなかった。お蔵入りにされた報告書は、福島原発事故後に朝日新聞が入手して報道するまで表に出なかった。

現在の軍縮課は「調査は委託したが、すでに関係資料はなく、詳しい事情は分からない」（2011年7月31日 朝日新聞）と無関心を装う。もっと早く、報告書が公表されていれば、全電源喪失の危険性が一般に知られ、福島第一原発の津波への備えも違っていたかもしれない。

冷戦後の旧ソ連からの核物質流出

日本が貴重な研究報告を封印し、安全神話の殻にこもっている間も、核テロのリスクは高まった。最大のターニングポイントはソビエト連邦の崩壊であった。

東西冷戦下では米国とソ連が核開発競争にのめりこんだが、1986年のチェルノブイリ原発事故やアフガニスタン侵攻の失敗などでソ連は統合力を失った。1991年のソ連崩壊で状況は一変した。

ソ連という強敵をなくした米国防総省の担当官は「イラクとか北朝鮮は確かに脅威だが、しかしソ連ほどの存在はもはやいない。では私たちの仕事は何か。今存在する敵に対処することではなく、将来の強敵、大きな脅威が生まれるのを防ぐこと」(『核テロリズムの時代』ＮＨＫ広島「核テロ」取材班)と発想を変えた。

防ぐべき「大きな脅威」とは何か……米国はタガが緩んだ核物質の管理に照準を合わせた。

ソ連の強固な中央集権体制が崩れ、バルト三国が独立し、12の共和国に分かれる過程で核管理への戸惑いと混乱が生じていた。それまで核物質は軍部やソ連国家保安委員会（ＫＧＢ）が一元的に厳しく管理していたのだが、連邦崩壊後に誕生した新独立国は核兵器をロシアに移管し、改めて非核国としてＮＰＴ（核兵器不拡散条約）に加盟する道を選んだ。と、ともに自ら核物質を管理する義務が生じた。

しかし独立国は、もともと核管理のノウハウを持っておらず、ゼロからＩＡＥＡに核物質の計量管理などの指導を受けねばならなかった。混乱のなかで緩んだ核セキュリティのスキをついて核物質が不正に持ち出され、流通し始める。共産主義から資本主義への急激な移行でロシア経済は破綻し、貧困層が数百万人に拡大した。公務員の汚職や犯罪が激増する。

米国は、コントロールできない核物質の流出を「大きな脅威」と受けとめ、90年代半ばには旧ソ連の核施設の保安強化、密輸の摘発に国家予算を投じてゆく。

具体的にみてみよう。旧ソ連からの核物質の密輸は連鎖的に起きた。

94年3月、ロシアのエレクトロスタルとサンクトペテルブルクで高濃縮ウラン（濃縮度90％）2970グラムが押収される。そのまま原爆製造に使えるほどの高濃縮ウランだった。93年5月24日―リトアニアのビリニュスで高濃縮ウラン（濃縮度50％）150グラム、94年5月10日―ドイツのテンゲンでプルトニウム6グラム、94年6月13日―ドイツのランドシュットで高濃縮ウラン（濃縮度88％）0・6グラム、94年8月10日―ドイツのミュンヘン空港ではプルトニウム363グラムが摘発され、コロンビア人ら3人が逮捕された。このケースでドイツ警察は「おとり捜査」を行っている。容疑者は捜査当局の誘いにのってモスクワ発の航空機でプルトニウムを運んできてミュンヘン空港で捕まった。

94年12月には、チェコのプラハで3キロちかい高濃縮ウラン（濃縮度88％）が押収され、ロシア人の売り手とチェコの物理学者が逮捕される。流出源は、旧ソ連が核軍事開発のために設けた秘密閉鎖都市オジョルスク（チェリャビンスク州）だったといわれる。

ＩＡＥＡの欧州・旧ソ連地域の査察部長だった村上憲治は、２００2年3月にＮＨＫの取材に応え、次の三つを核物質の密輸ルートにあげている。

・ロシア、カザフスタンからウズベキスタン、キルギスなど中央アジアを経由してアフガニスタン、パキスタンへと南へ下るルート。

・ロシアからカスピ海の西のグルジア、アゼルバイジャン、アルメニアなどのコーカサス諸国を南へ下るルート。
・ロシアからウクライナを経由してルーマニア、ブルガリアなど黒海西岸の国を通り、南東のトルコへ抜けるルート。

それぞれのルートが向かう先にはイスラエルとの緊張を抱えながら、宗派対立で揺れる中東が広がる。村上査察部長は、インタビューにこう答えている。

「データベースによると、カザフスタンからウズベキスタンへと核物質が流れている事実がありります。今になってその量が急に増えたということではないのですが。またロシアからコーカサス地方を通って流れてくる動きもあります。通過地点なのか、流出元なのかは言えませんが、核物質密輸の点から重要な地域です」

さらに地政学的視点から村上部長はカスピ海に言及した。

「カスピ海にはかなりの密輸物資が行き来しています。核物質ではなく、麻薬や銃、通常の兵器などです。しかしその密輸ルートに乗って、核物質が動かないとも限りません。実際、パキスタンが核開発を進めた際には、カスピ海北部にあるロシアからカスピ海を渡ってトゥルクメニスタンを経由し、パキスタンへ物資が流れたことを確認しています。だからこの国境にある港の検問所がしっかりしていないと、核物質自体がそのまま流れていく可能性が高いところですね」

山積みされた核物質の盗難

ユーラシア諸国では核物質の流入を水際で防ぐミッションが遂行された。もっとも、本質的には出どころを断たねばならない。流出源として国際的にクローズアップされたのがカザフスタンだった。カザフスタンは「核の根拠地」ともいえる独立国だ。カザフスタン最大の産業は鉱業で、ウランの賦存量は世界屈指である。旧ソ連時代の１９４０年代後半には、囚人労働でセミパラチンスク核実験場が建設されている。

セミパラチンスクには核兵器開発に使う研究用原子炉４基をはじめ燃料工場などの核施設が集中的に設けられ、ミサイル実験場、大陸間弾道ミサイルの発射場も置かれた。ここでは１９４９〜91年の間に４６７回の核実験が行われ、「死の灰」が降り注いだ。その被害者は１５０万人に及ぶといわれる。がんや白血病、死産、流産が多発し続けている。

セミパラチンスクの核実験場はソ連崩壊直前の91年8月に行った核実験を最後に閉鎖された。カザフスタンのカスピ海東岸のアクタウにはプルトニウムがつくれる高速増殖原型炉ＢＮ－３５

0が建造され、1973年から運転を始めた（99年に老朽化で閉鎖）。

つまり、新生カザフスタンには、「川上」のウラン鉱山から「川下」の高速増殖炉まで核燃料サイクル施設が揃っていたのだ。後年、経産省の導きで東芝を含む重電メーカーや商社が乗り込むカザフスタンとは、このような歴史的背景を持つ国である。ソ連崩壊後、核弾頭1400発余りはロシアに移管し、NPTに加盟する方向で国づくりを始めたカザフスタンには、膨大な核物質がごっそり残っていた。管理ノウハウがなく、山積みされた危険な核物質が盗難によって流出していった。

一例をあげよう。セミパラチンスクから東に約100キロ離れた「ウルバ核燃料工場」も流出元のひとつだった。ここには旧ソ連海軍が原子力潜水艦で使う予定だった高濃縮ウランが倉庫に放置されていた。ソ連崩壊後に、その存在が確認され、米国は極秘の輸送作戦「プロジェクト・サファイア」を敢行する。

94年10月、米政府はエネルギー省が管轄するオークリッジ研究所の技術者31人を米空軍機でウルバ燃料工場に送り込んだ。核技術者たちは被曝の危険と背中合わせの劣悪な環境で、600キロの高濃縮ウラン（原爆24発分）を45日かけて厳重に梱包する。米空軍輸送機に積み込んでオークリッジに戻った。米国は核兵器の拡散を防ぐため、カザフスタンに1000万ドル以上の援助をしたと伝わる。

しかし、堕ちた盟主、ロシアにすれば裏庭同然のカザフスタンから貴重な高濃縮ウランをみすみす米国に持ち出されたのは屈辱以外の何ものでもない。国際政治の舞台裏では核と特務機関が密接に結びついている。ロシアの原子力大臣だったビクトル・ミハイロフは、次のような見方を示している。

「これは私の考えですが、あの輸送には政治的な側面もありました。カザフスタンには財政面で大きなメリットがあり、アメリはセミパラチンスク核実験場の情報を狙っていました。アメリカの態度は二面的です。アメリは施設に関する情報を欲しがっていて、ＣＩＡは施設の構造や、職員に関する情報収集に年間数十億ドルもかけていました」（『核テロリズムの時代』）

核の闇市場で取引したカーン博士と日本企業

ついつい私たちは米欧中心の視点で物事を見るきらいがある。米国が「平和の使徒」の仮面の下でロシアの核情報を狙っていたという指摘は当たっているのかもしれない。90年代に頻発した核物質の盗難、密輸についても西側特務機関の情報操作だとミハイロフは断定している。

「マスコミも特務機関も大げさに報道し、ふれ回っていました。過剰報道にはさまざまな意図があった。ロシアの核兵器部門をＩＡＥＡの管理下に置こうという狙いもあったのでしょう。そして核の部門を崩壊させる狙いが」（同前）

核物質の不正流出は関係者が金目当てに行ったように伝えられているが、背後では特務機関の権謀術数が入り乱れていた。95年11月には、連邦崩壊後も独立を許されなかったチェチェンのバサーエフ司令官がテレビのインタビューで「われわれは放射性物質を使った爆弾『ダーティボム』を所有しており、（紛争中のロシアとの）和平交渉が失敗した場合にはいつでも使う用意がある」と語った。核テロという爆弾からのびた導火線に火がつき、チリチリと燃えだしたようだった。

98年5月、カーン博士が核開発を主導してきたパキスタンが、原子爆弾の実験に成功した。6年後、カーン博士はテレビ番組で自ら核物質や核技術を取引するネットワーク「核の闇市場」を構築したことを認める。ウラン濃縮に必要な遠心分離機の部品や技術など、極秘扱いの機材や技術がイランやリビアなどに流出した。北朝鮮との関わりも表面化する。

その核の闇市場で、カーン博士と取引していた相手が日本企業だった。カーン博士は、のちに共同通信に1977年と84年の来日時に重要な部品を注文したと証言した。濃縮施設向けの「無停電電源装置」や遠心分離機の回転部分を支える特殊磁石「リングマグネット」、核関連の研究に欠かせない「電子顕微鏡」などを調達したと語っている。

「日本は非常に重要な輸入元だった」と博士は回顧している。北朝鮮の核開発を脅威ととらえる日本にとって、何と皮肉な商売であったことか……。

後手に回る核セキュリティ対策

ソ連崩壊後の90年代を通して、日本が原発の安全神話に閉じこもっていた裏でテロリストが核に手を伸ばすリスクは高まった。そうして、核テロの危機がじわじわと迫る01年、米国同時多発テロが勃発したのである。前述したように実行したアルカイダ上級幹部の自宅からは「スーパーボム」と題した論文が押収されている。米政府の「9・11同時多発テロに関する独立調査委員会」は、実行犯のターゲットのひとつは原発だったと報告した。

翌年2月、原発テロの脅威がハイレベルに達した米国では、原子力規制委員会（NRC）が「原子力施設に対する攻撃の可能性」に備えた特別対策を各原発に義務付ける命令書を出す。非公開の命令書は、その条項から後に「B5b」と呼ばれるようになる。

B5bは、航空機の激突による爆発や火災でプラントが大打撃を受けた状態で、炉心冷却や放射性物質の閉じ込め、使用済み核燃料プールの冷却を維持・復旧する手順と戦略を原発事業者に確立せよ、と命じた。

NRCは、フェーズ1として事前準備する資機材や人材、フェーズ2で使用済み核燃料プールの冷却、フェーズ3では炉心冷却についての方向性を示す。これを受けて米原子力業界はガイドラインをまとめ、06年12月にNRCがそれを承認した。

かつて日本の外務省軍縮課が極秘に配った「原子炉施設に対する攻撃の影響に関する一考察」では届かなかった、原子炉の大規模破壊への対策がB5bには含まれている。そのなかでは「全電源喪失」への対策も義務づけられており、持ち運びができるバッテリーや圧縮空気のボトルなどの配備、ベント弁や炉心冷却装置を手動で操作する手法、対応全般の手順書の整備や運転者の訓練などが詳述されていた。

核セキュリティの向上は、事故や災害への対策と重なってくる。日本の経産省も、Ｂ５ｂに無関心ではなかった。06年と08年に経産省原子力安全・保安院（原子力規制委員会の前身）の職員を米国に派遣し、ＮＲＣ側からＢ５ｂについて詳しく説明を受けている。ＮＲＣ側が非公開の指導書を解説したのは日米の同盟関係があればこそだろう。情報を得た保安院は、Ｂ５ｂの対策を国内の原発の事故対策や安全規制に活かすための検討を続けた。

ところが、保安院は、核テロや全電源喪失を「想定外」のひと言で片づけ、Ｂ５ｂの指導書を内部に抱え込む。米国で義務化された対策を、電力会社や内閣府原子力委員会などに伝えなかった。当時、経産省は、原発の発電割合を50％以上に引き上げる「原子力立国計画」を打ちだし、原発推進の旗を力いっぱい振っていた。保安院は、省内の「空気」を読み、関係方面への影響を慮って伏せたとみられる。

またしても原発は「全電源喪失」に備える機会を失ったのである。海外の知見を活かせないいま東日本大震災が起き、福島第一原発1～4号機は電源をすべて失った。原子炉が冷却できず、ベントの操作に手間取った末に炉心溶融、水素爆発が起きた。いまなお数万人が避難生活を強いられる未曾有の災害の原因は、全電源喪失への備えがなかったことに尽きる。福島原発事故後に米国で開かれた公聴会で、ＮＲＣの幹部は「（Ｂ５ｂは）日本で起きた非常に深刻な事態にも対処できる」と断言した。返す返すも、惜しい機会を逸したものだ。

政府の問題意識欠如

その後、保安院は環境省外局の原子力規制委員会に移行した。規制委員会の発足を機に安倍首相は外遊先で日本の規制基準を「世界で最も厳しい」「世界最高水準」と盛んに自讃し始める。しかし、B5bの立脚点、核セキュリティの面で日本は世界レベルに追いついていない。技術論以前に国民の生命と財産を守らねばならない政治の舞台で問題意識が欠如している。それは国会での質疑にありありと見てとれる。

2014年4月17日、衆議院原子力問題調査特別委員会で山内康一議員（みんなの党→民進党）が、「これまで、世界で原子力発電所あるいは核燃料を狙ったテロ事件は大体何件発生しているのか」と質問の口火を切った。政府参考人として答弁に立った原子力規制庁放射線防護対策部長の黒木慶英は、こう答える。

「原発に対する直接の攻撃については数字として把握はございませんが、昨年、たとえば2013年4月、米国におきまして、原子力発電所の規制地区周辺に不審者がボートにより上陸しまして、警戒中の警備員との間で銃撃戦になったという例もございます。

核燃料を狙った事件は、IAEAがまとめたデータベースによりますと、1993～2012年の間に核物質または放射性物質の不法所持、不法移転事業、不法な目的での売買または使用の未遂事案が、ぜんぶで419件と承知しております。さらに、このうち高濃縮ウランやプルトニウムの不法所持事案に関しては、16件と承知しています」

山内議員は、日本の核セキュリティ体制について「国際会議でも、国内の核セキュリティに対する責任はすべて国家に帰属すると強調されている。民間事業者が警備の主体でいいのか」と突っ込んだ。

「わが国の原発の警戒警備は、電力会社の委託警備員による警備のほか、警察による24時間体制の常駐警備や、海上保安庁による周辺海域での巡視船艇の常時配備が行われています。法規制に基づき、事業者に警備員による巡視の実施や訓練の実施等の防御措置を講じることを要求しており、それらの実施状況を随時検査で確認している。海外では警戒警備の主体は民間の武装警備員としている国が多いと承知しています。責任には、事業者が負うべき責任、国が負うべき責任、それぞれがあろうかと考えております」と、黒木部長から他人事のような答えが返ってくる。

山内議員は、日本の原発警備は2社が独占しており、1社は一回破産して潰れた会社と指摘。2社では競争もなく警備のレベルが低いと述べ、「専門家の意見をちゃんと聞いた上でテロ対策を組んでいるんでしょうか」と問う。

「現実問題、民間の警備会社自体は非武装でございます。武装しておりません。武装の部分は、すべて警察が担う形。警察はテロ対策を専門にやっておりますので、所要のノウハウについては、警備会社とも連絡をとりながら、現場で最善の警備ができるような形で取り組んでいます」

担当官僚の口から原発警備の手薄さが語られた。ちなみに米国では民間の警備会社のスタッフがそれぞれの原発に完全武装で張り付いている。原発には厳重な監視体制が敷かれ、ＦＯＦ（Force on Force）と呼ばれる訓練では、侵入者に扮した政府側の部隊と原発に張り付いた部隊が実戦さながらの攻防をくり広げる。日本では海上保安庁の保安官が24時間、原発の沖合で船に乗って警戒しているが、侵入者への防御が万全とはとても言い難い。危機管理意識の違いが原発の警備に表れている。

原発がミサイルで攻撃されたら？

15年7月29日の参議院「我が国及び国際社会の平和安全法制に関する特別委員会」では、山本太郎議員（生活の党と山本太郎となかまたち→自由党）が安倍首相に北朝鮮の弾道ミサイルが鹿児島県の川内原発に飛んできたらどうするのか、と質した。特別委員会は安保法案の審議の場だった。安保法案に盛り込まれた集団的自衛権の行使や自衛隊の武力行使、後方支援範囲の拡大などをめぐって国論は二分していた。山本議員は北朝鮮のミサイル開発を脅威とする安倍首相に、こう問いかける。

「総理、政府は、平素より、弾道ミサイル発射を含むさまざまな事態を想定し、関係機関が連携して各種シミュレーションや訓練を行っているということで間違いございませんか」

安倍首相が「平素から、さまざまな事態を想定して、地方公共団体、関係機関を通じた対処能力の向上が図られるよう各種のシミュレーション、訓練を実施している」と答えると、山本議員は、次のようにたたみかけた。

「では、お聞きします。総理、川内原発の稼働中の原子炉が弾道ミサイル等の攻撃の直撃を受けた場合、最大でどの程度放射性物質の放出を想定していらっしゃいますか」

安倍首相に代わって原子力規制委員会の田中俊一委員長が応じる。

「航空機衝突を含めて、原発が大規模に損壊した場合の対処施設は、規制要求として求めておりますが、弾道ミサイルが直撃した場合の対策は求めておりません。弾道ミサイルが直撃するような事態は、そもそも原子力施設の設置者に対する規制により対処すべき性質ではないと考えています」

田中委員長は、弾道ミサイル攻撃は規制委員会の規制の埒外と認めた。一方、政府は弾道ミサイルによる原発攻撃は「仮定の話」なので答えを差し控えたいと事前に山本議員に示していた。山本議員が重ねて「総理、何が飛んでくるか分からない状況で仮定の話には答えづらいものなんですか」と訊ねる。安倍首相が答弁に立った。

「武力攻撃事態は、その手段、規模の大小、攻撃パターンが異なることから、これにより実際に発生する被害もさまざまであり、一概にお答えすることは難しいということでございます」。

山本議員が食い下がる。

「でも、考えてみてください。今回の（安保）法案、中身、仮定や想定を基にされていないですか。A国がB国に攻撃を仕掛けた、友好国のB国から要請があり、新三要件を満たせば武力行使ができるのできないの、これ仮定ですよね。仮定でしょう。仮定でよくわからないとか、ごにょごにょ言う割には、仮定でどんどん物事をつくっていこうとしているんですよ。都合のいいときだけ想定や仮定を連発しておいて、国防上にターゲットになり得る核施設に関しての想定、仮定できかねますって、これ、どれだけご都合主義ですか」

安倍首相は、しばらく山本議員の質問をやり過ごした後、災害対応の基本を説いた。

「武力攻撃による原子力災害への対処については、国民保護基本方針に基づいて、原発からおおむね5キロ圏内はただちに避難、30キロ圏内はまずは屋内退避といった対応を取ることが基本であります。他方、武力攻撃によって5キロ圏、30キロ圏といった範囲を超える大規模な放射性物質の放出が起きた場合には、状況に応じて臨機応変に対応を行うのは当然でございます。国は、汚染レベル、武力攻撃の状況等に応じて、避難地域、避難先を明らかにして、避難に関する措置を地方自治体に指示いたします。さらに自衛官、海上保安官による誘導避難を通じて、地方自治体とともに全力で住民の救援に当たってまいります」

「安倍総理、原子力規制委員会、原発に関する弾道ミサイル攻撃については感知していないんです」と山本議員は切り返し、「政府が川内原発に対する弾道ミサイルに危機感を持っている。もしも着弾した場合、弾道ミサイルが飛んできた場合の対処方法はほぼないんですよ。再稼働させるんですか。ただでさえ、避難計画むちゃくちゃで適当なのに。地震、火山も学会がおかしいと言っている。再稼働できるはずないでしょ。ミサイルどうやって防ぐんですか。再稼働するんですか。お答えください。総理、お願いします」

「従来から政府の立場はご説明しておりますが、原子力規制委員会において安全基準、これは非常に世界でも厳しい基準でありますが、この基準を満たしたものについては再稼働していく方針でございます」

安倍首相の十八番「世界で最も厳しい基準」が語られて山本議員の質疑は終わった。

これらの質疑が原発テロの危険が高まりつつあるなかで行われたことを記憶に留めておきたい。日本の核セキュリティの実状が表れている。テロリストが原発を攻撃する日は、そう遠くないのかもしれない。そのとき、私たちは何を信じて行動すればいいのだろうか。

Ⅳ　核武装の野心――孤立する日本

「もんじゅ」の失敗と新たな計画

核燃料サイクルの主柱だった高速増殖炉「もんじゅ」の廃炉が決まった。

2016年12月21日、政府は原子力閣僚会議を開き、使った以上のプルトニウムを生む「夢の原子炉」と期待された「もんじゅ」の廃炉を決定した。原型炉のもんじゅは、1994年に臨界に達したが、翌年には冷却材のナトリウム漏れ事故を起こして停止。それ以降も事故や点検洩れが相次ぎ、20年以上でわずか250日しか運転できなかった。

もんじゅには1兆円以上の事業費が投じられており、原子力規制委員会は15年11月に運営体制を抜本的に変えることを所管する文科省に勧告した。文科省は、半年以上かけて新しい運営主体の可能性を探り、民間に声をかけるが、電力会社やメーカーはそっぽを向く。公金の空費は限界に達し、政府は廃炉を選んだのである。

核燃料サイクルの主要施設は、使用済み核燃料からプルトニウムを取り出す再処理工場、ウラン・プルトニウム混合酸化物（ＭＯＸ）の燃料工場、そしてＭＯＸ燃料を使う高速増殖炉の三つだ。この三本柱のひとつが折れた。サイクルは再処理と高速増殖炉の運転が同時に成り立たなくては機能しないのだが、いまだに実用化できた国はない。

とくに高速増殖炉は、水と爆発的に反応するナトリウムを冷却材に使うために世界中で事故が起きている。技術レベルの高い米国、英国、ドイツはいずれも90年代前半に「経済性がない」と高速増殖炉の開発から撤退した。フランスは、87年に原型炉でナトリウム漏れ事故が起きたあとも実用化を目ざしたけれど、10年に実証炉を閉じた。稼働している高速増殖炉はない。２０３０年ごろに運転を目ざす高速炉「ＡＳＴＲＩＤ（アストリッド）」の計画は「まだ机上のプロジェクト」（仏エネルギー・気候変動総局／マリオ・パン副総局長）にすぎない。

唯一、ロシアが高速増殖実証炉での送電を15年12月に始めたが、前段階の原型炉では約10年間で20回以上のナトリウム事故が起きたといわれる。インドや中国も国家主導で高速増殖炉の研究を継続しており、いずれも核兵器を保有する国々だ。

先進国のほとんどが、実用化の見通しが立たず、経済性のない高速増殖炉に見切りをつけている。もんじゅ廃炉の決定は遅すぎたぐらいだが、やっと日本政府も重い腰を上げた。太い柱が折れて傾いた核燃料サイクルを見直すチャンスが到来した。再処理によるプルトニウムの抽出について多元的に検討する局面を迎えた、と誰もが考えよう。

ところが、だ。政府は、もんじゅを捨てる一方で、核燃料サイクルを維持するために第二もんじゅともいえる「高速炉」の開発方針を掲げた。フランスとアストリッドの共同開発を行うという。では、高速炉とはどのようなものか。増殖の二文字は消え、プルトニウムを増やすことはない。その代わり、これまで高レベル放射性廃棄物と呼んできた「核のゴミ」の一部を、新たな再処理システムで「群分離」し、燃料に混ぜて燃やす。

その再処理技術の開発が高速炉の鍵を握っている。これが難題中の難題だ。自然界には存在しない、ウランよりも重い「超ウラン元素（ＴＲＵ）」を群分離するのは危険が伴う。しかも、取り出した超ウラン元素を蓄積し、流通させなければ高速炉は稼働しない。再処理プラントは巨大化し、小さな事故が起きても放射能で人間が近寄れない危うさをはらんでいる。

政府は超ウラン元素の危険性や蓄積・流通が招くリスクを伏せたまま、資源の有効利用をクローズアップして高速炉開発に踏み込もうとしている。高速炉は投資効果が疑わしく、危険性も帯びる。なぜ、そうまでして核燃料サイクルに執着するのだろうか。もうしばらく技術的な話に耳を傾けていただきたい。

高速炉のメカニズムと問題点

これまで再処理で回収された高レベル放射性廃棄物は、ガラス固化体に入れて数十年間の冷却・保管後、地層処分する方法が研究されてきた。何万年もの毒性を持つ物質は、宇宙空間に捨てでもしない限り、地球上では硬い岩盤の地下に封じ込め、ゆっくり崩壊させるしかない。そのような高レベル放射性廃棄物を、高速炉は燃料の一部に使うという。

高レベル放射性廃棄物は、ウランやプルトニウムが中性子と衝突して核分裂して生まれた「核分裂生成物（FP／セシウム、ストロンチウムなど）」と、ウランやプルトニウムが中性子と衝突しても核分裂しなかった「超ウラン元素」の混合物で構成されており、その核種は数百種類に及ぶ。

高速炉は、これらの毒性物質が絡み合った高レベル放射性廃棄物からマイナーアクチノイド（MA／アメリシウム、ネプツニウム、キュリウムなど）と呼ばれる超ウラン元素を群分離し、燃料に混ぜて燃やす。高速炉の支持者は、マイナーアクチノイドを燃料に混入して燃焼（核分裂）、核変換によって消滅させれば、地層処分に回す超ウラン元素はほとんどなくなり（減容化）、廃棄物の有害度が減る（有害度低減）と説く。有害度が天然ウラン並に下がるまでの期間を短くできるのだと言う。

が、しかし、超ウラン元素の群分離には重大な危険がつきまとう。原子力工学者で『高速増殖炉もんじゅ』（七つ森書館）の著者、小林圭二は、群分離・核変換が前提の高速炉開発について「超長半減期核種のみに重点が置かれた政策で、中低レベル廃棄物も含めた放射性廃棄物全体を見る視点がない」「逆に群分離・核変換は中低レベル廃棄物の膨大かつ際限ない発生につながる」「群分離・核変換事業に手を出せば、新たな再処理工場や施設の建設が必要となり、その後も巨大施設の建設が際限なく続けられる」と警鐘を鳴らす（「もんじゅ」による〝減容〟の問題点　16年3月

21日)。

「プラント技術者の会」のメンバー、井筒哲郎は「人間が近寄れない」危険を訴える。

「この種の計画は、原理的には簡単に構想を立てられますが、実際のプラントで躓(つまず)きます。その原因は、装置が故障したときに人間が近寄れないからです。学者や官僚は机上で絵を描けばいいけれど、大洗町の高速増殖実験炉の常陽も、六ケ所村で建設中の再処理工場も、敦賀市のもんじゅも、停止しているのは近寄れないという人間の肉体的理由からです」

超ウラン元素の群分離は難しい。加えて超ウラン元素は核兵器の材料にもなる。99年のワークショップで米国の核兵器研究所「ローレンス・リバモア国立研究所」のブルース・グッドウィン博士は、プルトニウム以外の超ウラン元素も核兵器の製造に使えると明言した。高速炉を稼働させるには分離した超ウラン元素を蓄積し、流通させなくてはならない。危険な核物質が世界を動き回り、核セキュリティのリスクは格段に増す。

現段階で高速炉は机上のプランにすぎない。フランスのアストリッドは、ようやく概念設計から基本設計に移ったところだ。成算があるわけではない。

であるにもかかわらず、もんじゅの廃炉を決めた原子力関係閣僚会議は、同時に「高速炉開発の方針(案)」を打ち出した。その理由を、閣僚会議は14年に閣議決定された「エネルギー基本計画」に求め、こう方針書に記している。

「(高速炉は)使用済み燃料の処分に関する課題を解決し、将来世代のリスクや負担を軽減するためにも、高レベル放射性廃棄物の減容化・有害度低減や、資源の有効利用等に資する」

方針書は、放射毒性の強い超ウラン元素の分離がはらむ危険性や、その蓄積・流通が生むリスクにはひと言も触れていない。高レベル廃棄物が減り、有害度が下がるというメリットだけを強調して突き進もうとしている。

日仏アストリッド協力を推進する体制については、「経済産業省を中心に、文部科学省、中核メーカー、原子力機構、電気事業者の実務レベルで構成する」と記している。中心は経産省なのである。勘のいい読者はおわかりだろう。もんじゅを管轄していた文科省が原子力規制委員会から運営体制の抜本的見直しを勧告され、民間に協力を呼びかけたものの電力会社やメーカーは歯牙にもかけなかった。すでに経産省がアストリッドへの協力を呼び水に高速炉開発を推進するレールを敷いていたから民間企業は文科省を袖にしたといわれる。もんじゅから高速炉への路線変更は、文科省から経産省への利権の付け替えでもあった。

ならば、高速炉開発の根拠とされる「高レベル放射性廃棄物の減容化・有害度低減」はどの程度可能なのか。方針書に掲げるほどのメリットがあるのだろうか。

政府は危険性に触れず高速炉開発を決定

「核燃料サイクルの意義」と題した左表は、安倍政権下で策定された「エネルギー基本計画」に示された減容化と有害度低減の度合いだ。この表のタテ列左の「ワンスルー」は、使用済み核

核燃料サイクルの意義

● 我が国は、資源の有効利用、高レベル放射性廃棄物の減容化・有害度低減等の観点から、使用済燃料を再処理し、回収されるプルトニウム等を有効利用する核燃料サイクルの推進を基本的方針としている。
エネルギー基本計画（平成26年4月閣議決定）

	ワンススルー（直接処分）	軽水炉サイクル（プルサーマル）（再処理）	高速炉サイクル（再処理）（※４）
資源の有効利用	×	新たに1～2割の燃料ができる	軽水炉サイクルより節約効果大
高レベル放射性廃棄物の体積	1 <使用済燃料>	1／4 <ガラス固化体>	1／4～1／7（※５） <ガラス固化体>
高レベル放射性廃棄物の有害度の低下（※１）	約10万年 <使用済燃料>	約8千年 <ガラス固化体>	約300年 <ガラス固化体>
コスト	（※２）1.0（円/kWh）～	（※３）1.5（円/kWh）～	研究開発段階のため、試算なし

※１　廃棄物の有害度が、発電に要した天然ウラン総量の有害度レベルまで低下するのに要する期間
※２　原子力委員会試算（2011年11月）（割引率３％のケース）
※３　総合エネ調　発電コスト検証ＷＧ　検証結果（2015年5月）
※４　軽水炉と高速炉の双方の活用を想定。高速炉では、軽水炉の使用済燃料から抽出したプルトニウム等を活用。
※５　全体に占める高速炉の割合によって改善

燃料を再処理せず、直接処分した場合の数値である。高レベル放射性廃棄物の体積は「1」とされ、その有害度（天然ウラン並に毒性が下がるまでの期間）は「約10万年」、コストは1キロワット時当たり「1・0円」と試算されている。

これに対して、使用済み核燃料を再処理してプルトニウムを取り出し、MOX燃料にして軽水炉で使う「プルサーマル」は、高レベル放射性廃棄物の体積が「4分の1」に減り、有害度が「約8000年」。コストは「1・5倍」に上昇する。

高速炉で超ウラン元素を燃やした場合は、高レベル放射性廃棄物の量は「4分の1から7分の1」に減り、有害度は「約300年」。ところがコストは「試算なし」でどこまでアップするかわからない。

これではたして「減容化、有害度低減」といえるのだろうか。もし高速炉が使えても放射毒性は約300年も消えない。その間、経産省や電力会社、メーカーは存続して廃棄物を管理できるというのか。コストの増加の見当もつかないままに……。

原子力工学者の小林圭二は、高速炉を「極めて未熟な構想」と批判する。

「高速炉による〝減容〟は、多種にわたる高レベル放射性廃棄物核種のうち一部だけを対象としているに過ぎない。その代償としてその何十倍から何百倍の中低レベル放射性廃棄物を新たに生み出し、処分すべき放射性廃棄物全体として見れば、減容どころか果てしなき〝増容〟に行き着くことは必至」(「もんじゅ」による〝減容〟の問題点)。

「核変換による超長半減期核種の寿命短縮化は、より近い未来世代にはリスク増大をもたらす。極めて遠い未来の世代(たとえば10万年以上)のリスクを優先し、比較的短い未来世代(1000年後まで)にリスクの負担を強いることは許されるのか」

「1000年後までのリスクより1000年から10万年間のリスクのほうが大きいと言えるのか」

プラント技術者の筒井哲郎は、設備と人間の「現場」視点で警鐘を鳴らす。

「自然に放置しておけば、10万年かけてゆっくり崩壊する元素を、2~3ケタ加速して崩壊させるわけですから、高強度の放射線を発生させる装置と製品を意図的につくることになる。より一層、人間が近づきにくい装置や製品になり、もんじゅや六カ所再処理工場のトラブルが再現されるでしょう」

高速炉は、新たな無間地獄の入口のようだ。しかし政府は、危険性に触れずに高速炉開発を決定し、日仏協力に巨額の税金を投入しようとしている。国民の目の届かないところで、核のゴミの減容化、有害度低減という耳障りのいい言葉だけを使って核燃料サイクルが維持される。

このシナリオを描いたのは、閣僚会議の方針決定の前に発足した「高速炉開発会議」だった。メンバーは、経産相・世耕弘成、文科相・松野博一、原子力研究開発機構理事長・児玉敏雄、電事連会長・勝野哲、三菱重工社長・宮永俊一のわずか5名である。会議に原発事故を経験した福島の人や原子力発電に懐疑的な専門家、自然エネルギー開発に取り組む企業家たちは入っていない。経産官僚は、推進で利益を得る5人組を司令塔に仕立てて高速炉開発のアクセルを踏む。まさになりふり構わず、核燃料サイクルにしがみつく。どうして、批判がまったく出ない密室で、ことを進めようとするのだろうか。

政府は、核燃料サイクルを止めない理由を次のように説明してきた。

・各原発サイトの使用済み核燃料の保管プールは満杯に近づいており、青森県六ケ所村の再処理工場が稼働しなくては、それを搬出できない。再処理しないまま原発を稼働させると保管プールは使用済み核燃利用で埋め尽くされ、原発も止まる。

・サイクル施設が集中する青森県と国は地元を最終処分地にはしない約束を交わしており、サイクルが止まれば青森県は放射性廃棄物を原発サイトに戻し、大混乱が起きる。
・電力会社は再処理を前提に使用済み核燃料を『資産』に計上しており、サイクルを放棄すればたちまち不良債権化して債務超過に陥る。

核のゴミ処理に困るからサイクルを維持し、原発を稼働させるという「逆立ち」の弁明が行われてきた。国は電力会社やメーカー、立地自治体の立場を優先している。個別の利害関係者にとって核燃料サイクルも「生活の糧」には違いないだろう。だからこそ、電力の需給体制や立地自治体の「再興」を含めた広範な議論が求められる。

行政とは「法の下において公けの目的を達するための作用」であり、原子力政策において「公け」の範囲には国民全体が入る。政府自身がエネルギー基本計画に掲げた「将来世代のリスクや負担の軽減」という大義に立てば、30年、40年先の完成の見とおしもない、危険な高速炉開発を推進する道理は見当たらない。

核燃料サイクルが国策に定められたのは1956年だった。60年かけても実用化にほど遠く、100年経ってもどうなるかわからない技術を、核のゴミの有害度が万年単位から約300年に減らせる(かもしれない)から開発するという理屈は、論理的にも、道義的にも成り立たない。狂った時間感覚で政策を弄ぶ者たちの本音はいったい何か……。

核武装できる選択肢

どうも政府は国民生活を支えるために核燃料サイクルを手放さないわけではないようだ。サイクルにこだわる目先の理屈を、一つひとつ取り除いていくと、最後は堅い棘のような権力の欲望が姿を現す。それは、再処理でプルトニウムを取り出す技術を持ち、いつでも核武装できる選択肢「核オプション」を握っていたいという願望だ。

これは「潜在的核抑止力」への憧憬と言い換えてもいい。核オプションを担保したいがために原発と再処理、ウラン濃縮の技術を手放すなという意見が堂々と吐かれている。福島原発事故が起きて間もなく、自民党の大臣経験者、石破茂が次のように語ったことは記憶に新しい。

「日本は核（兵器）を持つべきだと私は思っておりません。しかし同時に、日本はつくろうと思えばいつでもつくれる。1年以内につくれると。それはひとつの抑止力ではあるのでしょう。それをほんとうに放棄していいのですかということは、それこそもっと突きつめた議論が必要だと思うし、私は放棄すべきだとは思わない」（11年8月16日テレビ朝日「報道ステーション」での発言）

石破は、雑誌のインタビューでも、こう述べた。

「核の基礎研究から始めれば、実際に核を持つまで五年や一〇年かかる。しかし、原発の技術があることで、数か月から一年といった比較的短期間で核を持ちうる。加えて我が国は世界有数のロケット技術を持っている。この二つを組み合せれば、かなり短い間で効果的な核保有を現実化できる。そして、こうした潜在的核抑止力は米国の『核の傘』の信頼の下にある」（「SAPIO」11年10月5日号）

核オプションを持つために原発をなくしてはいけない、と石破は言い切る。これは彼独自の見解ではなく、代々、自民党の有力政治家に受け継がれてきたものだ。

安倍晋三首相は、小泉内閣の官房副長官時代に早稲田大学で開かれた「大隈塾（塾頭・田原総一朗）」にゲストで招かれ、「憲法上は原子爆弾だって問題ではないですからね。小型であれば」と言った。

安倍内閣で財務相を務める麻生太郎は、外相だった06年10月17日、衆議院安全保障委員会で、こう答弁している。

「日本の核政策の変更の議論というのはまったくされておりませんが、その当時、核兵器というものの保有について検討すべきか、だんだんだんだん隣がみんな持っていくときに、日本だけ何の検討もされていないというのはいかがなものか」

麻生は、さらに国是の「非核三原則（核兵器を持たず、つくらず、持ち込ませず＝71年11月24日国会決議）」についても、「20年後のことは、だれも予想できない」と言った（06年10月27日）。

各方面から麻生発言への反発が寄せられると、安倍首相は党首討論で「安全保障の議論として、そういうこと（核武装）に触れたからといって大問題かのごとくいうのは、おかしい」と麻生をかばった。自民党の世襲政治家の胸奥には核武装への思いが脈打っている。それは、戦中の翼賛体制から敗戦を経て、家業として政治にかかわる政治家の隔世遺伝、もしくは家訓を公言しているかのようだ。

しかし、この核抑止への願望、原発の棘のような「核オプション」は、安全保障の面で何らかの効果を発揮しているのだろうか。そもそも対立する国どうしが核兵器を保有することでその使用を躊躇し、全面戦争が避けられるとする核抑止は、日本にどのような影響を及ぼしているのか。日米安全保障条約の下、米国の「核の傘」に入っている日本にとって、原発は核オプションになり得るのか。第二次大戦中の米国の核兵器開発までさかのぼり、核抑止と原発の関係を洗い直してみよう。

核抑止と原発

核兵器は、生まれ落ちた時点で「競争」と「支配」の衣をまとっていた。１９３８年、ドイツの物理学者たちはウランが核分裂を起こす際、莫大なエネルギーを放出することを突き止めた。彼らはナチス・ドイツに核分裂の原理が伝わると「悪魔の兵器」がつくられると危惧し、成果発表をためらった。

翌年、ユダヤ系物理学者のレオ・シラードは、ルーズベルト米大統領宛ての手紙を起草する。手紙では「政府当局による迅速な行動」を呼びかけ、米国の核物理学者との接触、資金援助を求めた。シラードは手紙に影響力を持たせるために相対性理論で名声を確立していたアインシュタインに署名を頼んだ。アインシュタインは、晩年、手紙に署名したことを悔やむのだが……。

手紙はルーズベルトに届き、大統領のウラン諮問委員会が設けられて41年に原子爆弾製造計画が立てられた。所管が専門委員会から陸軍へ移って「マンハッタン計画」が始動する。

マンハッタン計画は、砂漠のなかに関連施設を建設し、極秘裏に遂行された。米政府は敵国のドイツ、日本だけでなく、連合国側のソ連への情報漏えいも警戒した。最盛期には54万人、当時の日本の一般会計予算の1・3倍の予算が投じられて原爆が開発される。

原爆の破壊力のすさまじさが明らかになるにつれ、ルーズベルトに手紙を送ったシラードは開発停止を訴えた。太平洋戦争末期にはルーズベルト自身も原爆を使わず、日本との和平工作を進める方向に傾いていたともいわれる。理性が唯一の歯止めであった。

しかし、ルールベルトが急死し、大統領に就いたトルーマンは、ためらうことなく、広島と長崎への原爆投下を命じる。日本への懲罰と、戦後の国際社会で覇を競うとみられた社会主義国、ソ連への「見せしめ」の感情がトルーマンを原爆投下に向かわせる。米国はソ連が核兵器開発に成功するには「30年」かかると試算しており、トルーマンは彼我の差を見せつけて対抗心をへし折ろうとした。

原爆によって広島市の人口約35万人のうち9〜16万6千人が被ばくから4カ月以内に死亡し、同じく長崎市の人口約25万人のうち約6〜8万人が命を落とした（公益社団法人放射線影響研究所日米共同研究機関）。日本は、他国を侵略した加害と原爆投下による被害の両面を背負い、敗戦へと追い込まれる。そして、米軍主体の連合国軍に占領され、軍国主義の根絶を理由に原子力研究を禁じられて戦後の再出発をしたのだった。

核保持による戦争抑止能力？

米国は、戦後も核兵器を独占しようとしたが、ソ連が瞬く間に追いついた。30年どころか、戦争終結からわずか4年でソ連は原爆を保有する。と、ともに対立する国どうしが核兵器を持つことで互いにその使用をけん制し、結果的に全面戦争が避けられるという「核抑止」が提唱された。

米国の政治学者、バーナード・ブロディは、「核兵器をより確実に使用できるようになれば、敵国にとっては核兵器の先制使用によって生ずる利益が小さくなる。よって核兵器は使用されにくくなり、核抑止を実現できる」と導く。つまり、相手国に核兵器を先制使用されても「報復」に核兵器を用いれば壊滅的な打撃を与えられる。どちらの国も甚大な被害が生じるのは明らかだから理性によって自制して全面戦争には至らないという論法だ。核抑止が成立するには、次の三条件が満たされなければならない。

・相手国に耐え難い損害を与える報復能力
・報復能力を使用する意志
・事態の重大性、緊急性についての相互的認識

ただ、米ソが核兵器を保有しても朝鮮戦争は起き、抑止効果が働かなかった。破壊力があまりに大きな核兵器は使われなかったけれど、冷戦を背景に韓国と北朝鮮が、米、中、ソを巻き込んで戦った。いわゆる「制限（限定）戦争」（限られた対外政策のもとに攻撃目標や戦闘手段、地理的範囲などを制約した戦い）には歯止めがかからない。この事態に米国は、小型化した核兵器「戦術核」を開発して小規模な制限戦争を抑止し、ソ連を封じ込める戦略を立てる。だが、ソ連も戦術核を製造して対抗した。常に報復能力が問われる核抑止は核軍拡競争を招く。52年には英国が原爆実験を行い、三つ目の核保有国となった。

原子力の平和利用と核オプション

米ソの対立が深まるなか、日本は長い占領を解かれ、主権を回復した。米国は日本を「防共の砦」にしてソ連や中国の共産主義がアジアに広がらないよう腐心する。その防共策のひとつがアイゼンハワー大統領の「平和のための原子力（Atoms For Peace）」演説である。米国は独占していた核技術を発電や医療などの平和目的に開放する、国際的な原子力機関（のちのＩＡＥＡ）に供

出された核物質の保管、貯蔵による防護を委ねよう、とアイゼンハワーは国連で語った。53年12月8日、「真珠湾攻撃の日」を選んで演説は行われている。米国は昨日まで敵国だった日本に西側にとどまる機会を与えた。

これに呼応し、国会議員の中曽根康弘氏らが奔走して原子力予算が成立した。国会で予算案の趣旨説明に立った議員は「新兵器や、現在製造の過程にある原子兵器をも理解し、またはこれを使用する能力を持つことが先決問題であると思うのであります」と語った。原子力発電は、米ソがリードしていたとはいえ、まだ世界のどこでも実用化はされていなかった。原子炉の築造は核兵器開発を想起させる。予算案提出者は「原子力の平和利用」を核オプションの確保と結びつけていたといえるだろう。

当時、再軍備と自主憲法制定を掲げる中曽根らは、国防の手薄さを憂えていた。吉田茂首相は講和条約と一緒に「日本国とアメリカ合衆国との間の安全保障条約」（旧日米安保条約）」を結び、米軍の日本駐留を維持した。しかし旧日米安保条約は米軍に日本の防衛を義務づけてはおらず、「直接の武力侵攻や外国からの教唆などによる日本国内の内乱などに対しても援助を与えることができる」と記されたのみだ。国務長官を務めたダレスは「（米国が）望む数の兵力を望む場所に望む期間だけ駐留させる権利を確保」できたとみなした。非常に偏った条約だった。

また、戦後の国際的な安全保障体制は、戦勝国の米国、英国、ソ連、中国、フランスの五大国中心に再編成され、「国際連合（United Nations）」が発足していた。国際連合憲章は、国連の設立目的を「平和に対する脅威の防止及び除去と侵略行為その他の平和の破壊の鎮圧のため有効な集団的措置をとること」と規定している。国連の集団安全保障体制に入れば一定の安全も保てようが、原子炉予算が上程された当時、日本の国連加盟申請は安全保障理事会でソ連が拒否権を発動して認められていなかった（56年ソ連と国交回復後に日本は国連に加盟）。

国防上の孤立感を深めた再軍備派は、平和利用の名目で導入する原子炉も使いようでは軍事に転用できる、と期待した。だが、彼らが原子炉築造を「核オプション」と公言するには巨大な壁が立ちふさがっていた。

国民の核兵器への拒絶感、大国の核開発競争への反発である。

原子力への拒否感

原子力予算案が提出されたころ、南太平洋のビキニ環礁で米国は大規模な水爆実験を行った。近くの海域でマグロ漁をしていた日本の第五福竜丸は大量の「死の灰」を浴びる。被曝した23名の漁船員は頭髪が抜け、赤血球が減少し、全員が東大病院などに入院した。無線長の久保山愛吉は「原水爆の犠牲者は、わたしを最後にしてほしい」と言い残して半年後に死んだ。急性の放射線障害のために血液を入れ替えたことで肝炎を発症したとみられる。核兵器は広島、長崎の記憶だけでなく、ビキニの災禍で「目前の恐怖」に変わった。

東京都杉並区の婦人が原水爆禁止署名の運動を始めると、瞬く間に全国に波及する。ダレス国務長官は「日本人は原子力アレルギーにかかっている」と批判し、ビキニで被爆した船員たちを「スパイだ」と口走った。原水爆禁止署名運動は、燎原の火のように拡がり、署名数は３０００万人に及ぶ。反核運動は、反米へと大きなうねりをつくりだす。

米国にとって日本の反核運動は国益をそこなう、頭の痛い問題だった。アイゼンハワー大統領はダレス国務長官に覚書を送り、日本における米国の利益を拡大せよと命じる。国務省は日本政府との間で被爆者補償の交渉を急ぎ、「米国の責任を追及しないこと」を条件に7億２０００万円の「見舞金」で決着させた。

米政府が反核運動に神経質だったのは、ソ連を封じ込めるための日本周辺への核兵器配備に悪影響が及ぶのを恐れたからでもあった。米海軍は53年10月の空母オリスカニの横須賀入港を手始めに核兵器搭載艦船の日本への寄港や領海通過を行っていた。旧日米安保条約には核の持ち込みを規制する条項はなく、米軍は、対ソ、対中戦略や朝鮮半島情勢によって自由に核を持ち込めていた。その後、日米安保条約の改定で核持ち込みに「事前協議」の条件がつくが、日米の「密約」で骨抜きにされた事実が民主党政権下で白日のもとに晒される（『いわゆる「密約」問題に関する有識者委員会報告書』２０１０年3月9日）。

54年末から55年初にかけて、米軍は、施政下にあった沖縄にも中・短距離型の戦術核を配備した。沖縄の戦術核はベトナム戦争時には約１３００発まで増え、本土復帰を機に撤去されるのだが、こうした核配備への反対運動が日本全国で燃え上がれば米国の核戦略は滞ってしまう。反核の嵐は何としても鎮めなければならない。日本人の核兵器への強固な否定的観念を和らげようと米国は策を練った。

そこで改めて着目したのが「原子力の平和利用」であった。54年10月19日付の国務省秘密メモには「原子力の平和利用を進展させる二国間、多国間の取り組みに日本を早期に参加させるよう努めるべきだ」と記述されている（『日米〈核〉同盟——原爆、核の傘、フクシマ』太田昌克）。日本側では、讀賣グループを率いる正力松太郎が「原子力の平和利用」に即応した。讀賣グループは、米国から「原子力平和利用使節団」を招聘し、日比谷公会堂で大講演会を催す。正力が原子力の産業革命を掲げ、原子炉輸入に傾倒したのはⅡ章に記したとおりだ。

ただ、米政府は正力の前のめりな原子炉導入にもろ手を上げて賛同したわけではなかった。アイゼンハワー大統領ら上層部は、日本側が原子炉と核オプションをセットで考えていることは重々承知していた。日本がもしも核武装に走れば極東の軍事バランスは崩れ、緊張が高まる。核抑止は米ソの大国間でのみ成立させなくては意味がない。周辺国が次々と核武装する「核ドミノ」が起きたら、米国の統制力は地に落ちる。

米国の伝統的な太平洋戦略は極東に強大な国をつくらないことだった。日本と中国を競わせつつどちらかが突出するのを抑える。軍国主義に染まった日本が大陸を侵略したときは蒋介石を助けて抗日勢力を支えた。戦後、共産主義の中華人民共和国が建国されると日本の経済発展を促し、防共の砦に仕立てる。ただし、砦はあくまでも砦であり、核戦略をコントロールする本拠地は米国でなければならない。

日本の政治家の核兵器志向は、国民の非核への意思と米国の極東戦略、内外ふたつの壁に挟まれて、原子力の平和利用という実をとる方向に進む。

コールダーホール炉の購入

米政府は、55年1月、原子力の平和利用に与したければまず米国と二国間の協力協定を結べ、と日本に迫った。協力協定を結べば、濃縮ウラン100キロを供給し、原子力関係の人材育成も引き受けると提案する。一方で徹底的な守秘、実験内容の報告、プルトニウムなどの核物質の返還を義務付ける。核物質管理への厳しい要求は一貫して変わらなかった。

国内の反核意識と米国の核物質管理の強硬さの前で、政府は妥協を余儀なくされる。

中曽根らは原子力政策の根幹をなす「原子力基本法案」を作成し、55年12月に可決、成立した。その第2条には「原子力の研究、開発及び利用は、平和目的に限り」と記され、のちの非核三原則「核兵器を持たず、つくらず、持ち込ませず」の「つくらず」が法的に担保される。以降、中曽根は、日米の同盟下では「核武装すべきではない」との立場をとる。原子力基本法によって核オプションに一定の歯止めがかかったといえよう。

しかし……、正力科学技術庁長官は、ひるまなかった。冷淡な米国に背を向け、英国のコールダーホール型黒鉛炉を購入する。コールダーホール炉は、巨大な構造物の割に発電量は小さく、地震対策に多額の追加費用がかかる。経済性は数年後に米国が実用化する軽水炉のほうが優れていた。
正力をコールダーホール炉へ突き動かしたのはプルトニウムへの執着であろう。英国に派遣した視察団は、次のような報告書を正力に届けている。

「（英国の原子炉開発は）当初は国防的見地からプルトニウムの生産に力を注いだが、同国における動力不足の実状から、プルトニウムの生産と同時に電力もあわせて発生することの経済性に着目してHarwell、Windscaleにおける経験にもとづいて大規模の天然ウラン黒鉛ガス炉冷却型原子炉（コールダーホール炉）の建設を決意し、鋭意これが実現に努力を集中してきた。
その結果今回のCalder Hallにおける第一基工事を完成して、去る10月17日女王陛下臨席のもとに開所式を行い、約4万kWの電力を生産することに成功した。本炉はプルトニウム生産を主目的としているので電力経済的には能率の低いものであるがその性能が計画値を達成している」（「英国の原子力発電に関する調査報告」57年1月17日）

何度もプルトニウムに言及している。さらにこう記す。

「英国は更に将来計画としてプルトニウムを使用する高速増殖炉の実現に特別の熱意を有しており、着々とこの開発を進めている。（略）民間製造会社もこの新分野に特別な関心を持ち、その経過を注目している」

天然ウランを燃焼させるコールダーホール炉は、もともとプルトニウムをつくるための原子炉であり、稼働すればプルトニウムが付随的に生まれる。日英原子力協定では、副次的に生産されたプルトニウムについて英国が買い戻すか、日本が売らずに留めるかは話し合いで決めると定められた。米国の核物質管理への厳しい姿勢に比べれば、英国のそれは緩く、日本の裁量の範囲も広がっている。

正力にはコールダーホール炉を据えた東海原発は核オプションの要と映っただろう。

岸信介の核戦略

正力の動向を目の端で追いながら、米国との旧安保条約の改定交渉に臨んだ政治家が、安倍首相の祖父、岸信介だった。戦中に商工大臣、軍需次官を歴任し、戦争遂行に加担した岸は、戦後、A級戦犯容疑者として巣鴨プリズンに収監された。東条英機らA級戦犯7名が処刑された翌日に無罪放免され、公職追放を経て政界に復帰した。岸は、自主憲法制定、自主軍備確立、自主外交展開を信条とし、57年2月、総理大臣に就任した。

最大の政治課題は、米軍の日本防衛が義務化されていない旧日米安保条約の改定だった。岸は正力の原子炉導入の手際を眺めつつ、「非核」と「核武装」という両極端のカードを手にして米国との交渉に向かう。米政府の譲歩を引き出すために「核」で揺さぶったのである。

岸は、まず南太平洋での水爆実験を公表していた英国に特使を派遣し、核実験禁止をアピールさせた。「国連中心主義」を掲げ、国連でも核実験問題を喚起して米英の反発を買う。岸政権のすべり出しは「非核」の色がかなり濃かった。

ところが、アジア歴訪、訪米を控えた57年5月14日の夜、外務省記者クラブで会見した岸は、核問題について仰天する発言をした。

「原水爆のような大量殺傷兵器が憲法違反であることはもちろんであり、政府としてもこれを保有する考えはない。米国の原子力部隊駐留の申出があれば断るし、原子爆弾を持ちこむことも今は考えていない」(日本経済新聞57年5月15日付)

ここまでは穏当だ。

「しかし核兵器そのものも今や発達途上にある。原、水爆もきわめて小型化し、死の灰の放射能も無視できる程度になるかもしれぬ。また広義に解釈すれば原子力を動力とする潜水艦も核兵器といえるし、あるいは兵器の発射用に原子力を使う場合も考えられる。といってこれらのすべてを憲法違反というわけにはいかない。この見方からすれば現憲法下でも自衛のための核兵器保有は許される」

技術進歩で戦術核が小型化し、原子力の兵器利用バリエーションが増えれば、核兵器といえども憲法違反ではなくなる。小型の核兵器は通常兵器と同じととらえる。その見地に立てば「戦力の不保持」を謳った平和憲法のもとでも核兵器が持てると解釈してみせた。核兵器の概念をずらして憲法の解釈を広げようとしている。岸は本音をのぞかせる。

「実力のない自衛は無意味である。兵器は現在も技術的、科学的に進歩しているが、日本も近代戦に対処しうる有効な自衛力を持たなければならない。将来通常の兵器は役に立たなくなる場合も考えなければならない」

核実験に反対する姿勢と、憲法上は核保有が可能との見解には一貫性がない、が……。

「日本が原水爆実験に反対しているのは死の灰など全人類に影響を及ぼすおそれのある大量殺傷兵器だからである。したがって自衛の範囲の核兵器を保有してもよいということは、実験反対の立場と矛盾しない」と岸は言い切る。

一連の岸発言は核兵器が「小型化」すれば死の灰が減るという仮定の話で終始している。前提が曖昧であるにもかかわらず、そこを飛ばして「現憲法下でも核兵器の保有は可能」という発言が独り歩きし、政府の公式見解に組み込まれていく。

岸が切った核武装カードが米国との旧安保条約の改定交渉で効果があったかどうかは定かではない。60年に発効する新日米安保条約は日米両国が日本および極東の平和と安定に協力すると規定し、双務的体裁は整った。だが、同時に結ばれた「日米地位協定」では在日米軍の兵士、軍属の裁判権の互恵性や基地の管理権、環境権などで日本側の地位が低く定められ、こんにちに至るまで一語も改定されていない。

岸は、憲法解釈上は核兵器を持てるが、政策的には保有せず、自衛隊の核装備も考えていないと語った。岸が核兵器を持てると断言した心理的裏付けは、平和利用で導入する原子炉だったことはほぼ間違いないだろう。

というのも、58年1月6日、新年早々、岸は東海村の原子力研究所を視察しており、その思いを『岸信介回顧録――保守合同と安保改定』(廣済堂)に、こう綴っている。

「原子力技術はそれ自体平和利用も兵器としての使用も共に可能である。どちらに用いるかは政策であり国家意志の問題である。日本は国家、国民の意志として原子力を兵器として利用しないことを決めているので、平和利用一本槍であるが、平和利用にせよその技術が進歩するにつれて、兵器としての可能性は自動的に高まってくる。日本は核兵器を持たないが、潜在的可能性を強めることによって、軍縮や核実験禁止問題などについて、国際の場における発言力を強めることができる」

この文章に原子力発電を核オプションととらえる思考が凝縮されている。平和利用か兵器開発かは「国家意志」で決まるという。国家主義者の岸らしい物言いだ。半世紀以上経った現在も保守派の世襲政治家の考えは、ここから一歩も出ていない。

だが、原発と核武装を結びつける発言は波紋を呼ぶ。日本の核武装論は激動する国際社会の荒波にもまれ、信憑性を問われたのである。60～70年代にかけて日本政府内ではさまざまな形で核論議が展開された。政策論においては核武装すれば外交的に孤立し、経済制裁も受けて安全保障の危機を招くので「非核」がベストと結論づけられた。76年に核拡散防止条約（ＮＰＴ）を日本が批准してからは、よりいっそう外交的縛りがきつくなる。

他方、政府は「核燃料サイクル」を具体化し、即座に軍事利用に転換できる濃縮度90％以上のプルトニウムを保管する。技術的な核オプションを持とうとする動きが加速した。ここで重要なのは「非核」政策を核オプションは凌駕できないという歴史的現実である。その経緯を見すえなくては不毛な仮定の話ばかりが続くことになる。はたして日本は核オプションを公言できる国なのか。より具体的な検討に進もう。

戦後日本における核をめぐって

60年代に入り、フランス、中国が相次いで核実験を成功させ、先行した米ソを含む五大戦勝国が核保有国となった。五大国は、国連の安保理で拒否権を持つとともに「核クラブ」を形成する。国際社会で五大国が特権的地位にあるのは、第二次大戦の敵国だった日本、ドイツの「侵略」を二度と許さないという共通の利害で結びついているからである。冷戦下にあろうがあるまいが、この基本構造は変わっていない。

そうした状況で、中国への敵対心が日本の核武装論をかきたてる。岸の実弟で首相の座についた佐藤栄作は、中国の核開発に神経をとがらせた。

64年12月、佐藤首相はライシャワー駐日大使に「日本の核保有は常識」と伝えて米政府を刺激する。翌65年1月12日、訪米した佐藤は、ジョンソン大統領に「個人的には中共（中国）が核兵器を持つなら日本も持つべきだと思う。でも日本の国民感情に反するから内輪にしか言えない」と述べたうえで「中共の核武装にかかわらず、日本は核武装は行わず、米国との安全保障条約に依存するほかない。米国があくまで日本を守るとの保証を得たい」と迫った。ジョンソン大統領は「保証する」と答える。米国の「核の傘」を日本に提供するとジョンソン大統領は約束したのだった。

核の傘とは、米国もしくはロシア（旧ソ連）が同盟国への核攻撃に対して核兵器で報復すると宣言し、相手の核攻撃を抑えることだ。佐藤は、翌日のマクナマラ国防長官との会談で「（中国の核実験をめぐり）今後2〜3年でどう展開するか注目に値する。日本は、今後、核兵器の開発をやるか、やらないのか」と問われ、「日本は核兵器の所有、使用にはあくまで反対」と米国の「核の傘」に入る立場を強調した。

佐藤は「核兵器の持ち込みとなれば、安保条約で（日米の事前協議が）規定されており、陸上への持ちこみについては発言に気をつけていただきたい」と、マクラマナにくぎを刺す。そして「（中国との）戦争になれば話は別で、米国がただちに核兵器による報復を行うことを期待している。その際、陸上に核兵器施設をつくることは簡単ではないが、洋上のものなら、ただちに発動できると思う」と語った。

「何ら技術的な問題はない」とマクナマラは応じる。

一連のやりとりは、２００８年の外交文書公開で明らかになっている。「洋上」は核搭載した米艦船の寄港を指している。旧安保条約の改定時に日本は「核搭載船の寄港や通過には事前協議が不要」という「密約」を米国との間で交わした。それを踏まえているようだ。

佐藤は、国内向けには「非核」のポーズをとった。自論の「核武装」と、米国の「核の傘」による抑止、政策上の「非核」という三枚のカードを持った。他のタカ派政治家も公然と核武装を口にする。日本の高度経済成長は目覚ましく、資金力も技術力も向上していた。

諸外国に「日本も米国の傘から出て、核武装をするのではないか」と疑念が高まった。ここで米国は「核クラブ」を五大戦勝国に限定しようと策動する。日本の核武装などもってのほか、と核拡散防止条約（ＮＰＴ）体制の構築を急いだのである。

ＮＰＴは、米、ソ、英、仏、中以外の国の核兵器保有を禁止し、この条約を批准した他の非核国には国際原子力機関（ＩＡＥＡ）の保障措置（査察など）を義務付けて「原子力の平和利用」を認めるというもの。核に手を出さない国に原発をつくる根本思想が詰まっている。日本にとってＮＰＴは「原発が欲しければ核武装を断念しろ」と五大国から迫られる、一種の踏み絵であった。ＮＰＴを締結し、批准すべきかどうか、日本政府は苦慮した。

この局面で政府は、原発による核オプションの実効性を探る研究と、核武装すべきか否か是非を問う研究を同時並行的に進めた。ここが核武装の可能性を見極める歴史的な分岐点だった。

核オプションの実効性を探る研究は、国防会議（現国家安全保障会議）事務局長・梅原治、防衛研究所の桃井真らの安全保障調査会が『日本の安全保障――1970年への展望』（1968年版）という報告書にまとめた。報告書は東海原発のコールダーホール型黒鉛炉を使ったプルトニウム生産で核兵器が製造ができると断定している。

もうひとつの核武装の是非を問う研究は、内閣調査室（現内閣情報室）の外郭団体「財団法人・民主主義研究会」が行った。メンバーは、国際政治学者の蝋山道雄と永井陽之助、原子核物理学者の垣花秀武、軍事ジャーナリストの前田寿、軍事評論家の関野英夫らだ。彼らは「日本の核政策に関する研究（その1）―独立核戦力創設の技術的・財政的可能性」（68年9月）と「日本の核政策に関する研究（その2）―独立核戦力の戦略的・外交的・政治的諸問題」（70年1月）と題した小冊子に研究成果をまとめた。こちらは、核兵器の製造能力があっても「核武装することは、国際政治的に多大なマイナスであり、安全保障上の効果も著しく減退」と結論を下している。

ふたつの研究は好対照だ。どのような観点で核武装の可能性や是非を判断したのか、詳しくみておこう。

日本の核武装能力

『日本の安全保障』は、「わが国の核兵器生産潜在能力」と題した項で「果たして能力はあるのだろうか。法律上、政治上の制約をいっさい無視して、まったく白紙の立場からその能力」を検討している。「核弾頭の生産能力」や「運搬手段の生産能力」を分析し、「原爆一発分の原価は、約1億円程度となるのではなかろうか。もちろん、このほかに研究開発のために相当の経費が必要」と見積もる。当時の1億円は現在の貨幣価値で15～16億円程度だろう。軍事用ウランの濃縮については、こう問題を指摘する。

「……大きな問題は、平和利用による天然ウランの需要と、軍事利用における天然ウランの需要との競合の問題であろう。わが国における昭和五五（一九八〇）年までの平和利用における天然ウランの需要量は、約二〇万トンといわれており、推定埋蔵量わずか約三〇〇〇トンにすぎない日本の地下資源量では、軍事利用どころか平和利用の供給すらおぼつかない。技術開発は、ある時間と研究費とさえつぎこめば解決できる問題であるが、地下資源の問題は容易に解決されない……」

と、ウラン資源不足という決定的な弱点を報告書は認めている。続いて濃縮度90％以上の軍用プルトニウムの生産に筆を向け、東海原発のコールダーホール炉に焦点を絞る。

「……東海炉を軍用プルトニウムの生産用に転換した場合、年間プルトニウム生産量は約二四〇キログラムとなろう。このプルトニウムはほとんどすべて軍用になるものと判断してさしつかえない。これは少なくとも原爆材料として、年間二〇発分ぐらいに相当することになる。ただし、この場合は原子力発電はまったく不可能か、または通常経済ベースでは行えないことになる」

コールダーホール型黒鉛炉は、もともと軍事用プルトニウム生産のために開発されたものだ。報告書は、使用済み核燃料の再処理についても「技術的問題は、現段階でほとんど解決できているといってよく、まったく時間の問題」と言明する。濃縮ウランとプルトニウムのどちらが日本の原爆製造に向いているかと自問し、こう答える。

「濃縮工場は、あまり小型では建設が大変であり、大型でも本質的に問題のむずかしさに差はない。プルトニウム生産の場合は、国内にすでに施設が存在しており、または計画されているもので十分まかなえるのである。ウランとプルトニウムを比較して、これから開発を要する技術問題の難易からいえば、プルトニウムの場合の方が比較にならないほどはるかに容易である」

「(核弾頭の)運搬手段の生産能力」については、日本とフランスのロケット開発を比較して「実質的には同じクラスとみてよい」。燃料開発力に関しても「機体の材料と同じように、ロケット燃料の性能でも、日本とフランスの差はほとんど無いものと考えて差し支えない」。開発体制、経費負担においても両国に「著しい差異があるとは認められない」と評した。

報告書の筆者は「われわれの立場は、核武装に賛成ではない」と断ってはいるが、書きぶりは原発が核オプションになることを明確に認めている。

核武装は「損」である

さて、もう一つの研究報告書、「日本の核政策に関する研究（その1・その2）」を見てみよう。こちらの執筆にかかわった国際政治学者で元上智大学名誉教授の蝋山道雄は、報告書の内容について雑誌「SAPIO 2000年1月26日・2月9日合併号」に詳細な証言を残している。研究から三〇数年後の証言においても「そこで議論は出尽くした。新たな北朝鮮という脅威が現れても、日本の置かれている立場は変わらない。現在でも核保有は不可能だ」と断言している。

蝋山は「私はいわゆる『平和主義者』ではなく、純粋に理論で国際政治・戦略を分析するリアリストだ。だから『非核』を主張するのも『憲法上の問題』だからではなく、国際関係、外交から眺めて『損』だと考えたからである」と言う。核戦略の世界的知見が集まるロンドンの「戦略研究所（現国際戦略研究所）」で研鑽を積んだ蝋山の見解だけに説得力がある。

技術的な面で日本が核弾頭の潜在的製造能力を持っていることは蝋山も認めている。しかし、核弾頭を抑止力のある「核戦力」に高めるには、「実験」と「保有・配備」の二つのステップが必要だと述べる。まず、実験について、五大核保有国はそれぞれ自国、もしくは旧植民地の砂漠で核実験を行っているが、日本は「水中か地下以外では実験はできない」と分析し、「日本には砂漠はなく、離れ小島でも地下実験でもしようものならどんな地殻変動が起きるか予想もできない」と蝋山は否定した。

保有・配備に関しても、「我が国は国土が狭く、アメリカ、中国のように大陸全土に点綴（てんてつ）させるのは難しい。東京―名古屋―京阪神間の東海道メガロポリスに人口の50％が密集して住むという、敵の核攻撃に対して脆弱な目標であり、1、2発落とされただけで、政治・経済・社会活動はほぼ壊滅する。いわんや核攻撃に耐えられる非脆弱な核ミサイルを地下格納できる場所などない」と一刀両断。

「核弾頭は技術的に作ることは可能だが、実際に『核武装する』ことは不可能なのである。それは今も同じで、核実験がコンピュータ・シミュレーションだけでまかなえないことは、アメリカがCTBT（包括的核実験禁止条約）の批准を拒否したことからも明らかだろう」と蝋山は説く。政治的、戦略的な側面からは日本の核武装が「アメリカの強い不信」を招くと懸念している。内閣調査室の要請で研究を重ねた蝋山たちは「日本が核兵器を持てば、アメリカをかえって中国の側に追いやる」と判断した。米中が経済的、政治的により太いパイプで結ばれた現在では、その可能性がさらに高まったといえるだろう。

仮に米国の反対を押しのけたとしても、核開発をするには核実験禁止条約などの関連条約から次々と脱退しなくてはならない。蝋山は言う。「それがもたらす四面楚歌の状態は第一次大戦後の国際連盟脱退の比ではない。他の核保有国はすべて日本を仮想敵と見なし、カナダやオーストラリアも日本に厳しい視線を浴びせるだろう」。核武装の意図が明らかになった時点で日本は孤立する。

核開発をして装備するには「実験や条約の脱退、国内法の整備など科学的・政治的総合力が必要で、リードタイム」がかかる。「その間の中国や北朝鮮の緊張は高まり、いざ配備したところで得られるのは、もはや抑止力ではなく挑発力になってしまう」と見通している。

国内世論においても核武装への賛同は困難だ。

「『ヒロシマ・ナガサキ』で長く醸成させれてきた国民の『非核精神』をすべてひっくり返し、納得できる整合性のある思想を語れるような政治家などいない」

ヒロシマ、ナガサキに「フクシマ」が加わった現在、国内世論の壁はさらに厚くなった。

「核の傘」の有効性と、核武装不可能論

核武装論者の多くは、もしも日本が核攻撃を受けたとき、米国は自国への報復攻撃を覚悟してまで反撃してくれるのか、と疑問を投げかける。核の傘への不信を言い立てるのだが、蝋山は「私から言わせれば、これは核武装せんがための『理屈』であり、『抑止力』についてまったく理解していない」と反論している。

「抑止力とはこちらが『実際に反撃する可能性』ではなく、相手に『攻撃させないもの』だからである。実際に我が国にテポドンを撃ち込まれてから、いくら米軍が反撃してくれても我々にとってなにも有り難くはない。撃たせないことが抑止力の意味なのである」

だから検証すべきは「『アメリカの意思』ではなく、敵国（仮想的に冷戦下の中ソ、いまは中国・北朝鮮）がアメリカの核の傘を十分に意識しているかどうか、つまり、抑止する側とされる側相

互間の心理作用が重要なのであって、実は傘の下にいる者がどう思うかはさほど重要な要素ではない」ととらえる。そして、核武装が不可能でもはたすべき安全保障上の役割はある、と蜷山は語る。

「現代の安全保障は『攻められたらどうするか』を考えて軍事力を充実させるだけではなく、『攻められないようにする』戦略が求められているからである。

そのためには、今もっとも不安定な北朝鮮と交渉のテーブルを持ち、現状について共通認識をもつことだ。『平和を訴える』などという感情的なものではなく、世界の現実、抑止力の前に彼らを引きずり出し、勝手な妄想を抱かせないようにすることである。

米ソが冷戦時代に戦争にならなかったのは、国交を断絶せず常に現状認識についてお互い確認しあってきたからである」

リアリストの「核武装不可能論」は、イデオロギーの垣根を越えて大局的選択を提示している。蜷山は、亡くなる3年前の06年11月、メールマガジン「オルタ」35号でも「日本の核政策に関する研究」を回顧し、「その2」の結論を、こう記した。

「日本は、技術的、戦略的、外交的、政治的拘束によって、核兵器をもつことはできないのであるが、そのことは日本の安全保障にとって決してマイナスとはならないだろう。核保有国となることによって、たとえ国威を宣揚し、ナショナリズムを満足させることができたとしても、その効果は決して長続きすることはできないばかりでなく、かえって新しい、より困難な拘束条件を作りだしてしまうからである。核兵器の所有が大国の条件であると考えうる時代はすでに去った。核時代における新しい大国としての日本は、国家の安全保障の問題を伝統的な戦略観念からではなく、全く新しい観点から多角的に解決して行かねばならぬよう運命づけられているのである」

日本の核開発をめぐる日米攻防

核武装の現実性がはっきり否定される一方で、外務省は、69年9月、「わが国の外交政策大綱」に「核兵器製造の能力を保持し、周りからの干渉は受けない」と基本姿勢を明記した。大綱は外務審議官を中心に数カ月間の討論を経てまとめた極秘文書で、官僚に「腹積もり」を促し、国会対策に核カードの含みを持たせる意味があった。大綱の「安全保障に関する施策」の項目「9」に、前後の脈絡と切り離し、こう記されている。

「核兵器については、ＮＰＴに参加すると否とにかかわらず、当面核兵器は保有しない政策をとるが、核兵器製造の経済的・技術的ポテンシャルは常に保持するとともにこれに対する掣肘（周囲からの干渉）を受けないよう配慮する。また核兵器一般についての政策は国際政治・経済的な利害得失の計算に基づくものであるとの趣旨を国民に啓発することとし、将来万一の場合における戦術核持ち込みに際し無用の国内的混乱を避けるように配慮する」

「戦術核持ち込みに際し無用の国内的混乱を避ける」ために国民を啓発、つまり教育するとの文言は、将来万一の場合とはいえ、佐藤首相が国会で表明した非核三原則と真っ向からぶつかる。知らぬは国民ばかりなり。当時、大綱の内容が洩れていたら、内閣は吹き飛んでいただろう。

佐藤政権は「非核」と「核の傘」、「核武装」のカードを出したり、ひっこめたりしながら米政府と「沖縄返還」交渉を進めた。沖縄の日本復帰に当たっては、米軍が配備した戦術核はすべて撤去する。その代わり、重大な緊急事態が生じた際は、事前協議のみで米軍は沖縄に核兵器を持ち込み、嘉手納などの基地を核兵器貯蔵地として活用できるという密約を結んだ。「核の傘」を強化するための密約だった。

悩ましいのはNPT（核拡散防止条約）の批准である。日本は70年に署名はしたものの批准を先延ばしにしていた。五大核保有国から「原発が欲しければ核武装を断念しろ」と出された踏み絵をふむのをためらった。NPTに加わっても核オプションは手放したくない。いや、NPT体制に加わればこそ、核オプションを確実なものにしたい。

そうした思惑が交錯するなか、政府は核燃料サイクルの「再処理」「高速増殖炉」を具体化させていく。動力炉・核燃料開発事業団（現日本原子力開発機構）は、東海村で再処理施設の建設を進め、74年10月に工事を終えた。さらに化学試験、ウラン試験、ホット試験と進めば使用済み核燃料からプルトニウムを取り出すノウハウを確立できる。あと一歩、と迫ったところで米政府が激しく「Ｎｏ！」を突きつけてきた。

日本がＮＰＴに加盟しないまま、プルトニウム抽出の再処理技術を持てば核開発に手を出す、と米国は警戒した。核不拡散は米国のミッション、国是である。米国は、日米原子力協定を根拠にプルトニウムの軍事利用ができないよう猛烈な掣肘を加える。

76年6月、日本はようやくＮＰＴを批准し、原子力平和利用と核不拡散を両立させる方針を示した。しかし、米国は引き下がらなかった。争点は東海再処理施設のプルトニウムの抽出法だった。プルトニウム単体ではなく、他の物質とまぜて取り出せ、と米国は求める。激論を経て、プルトニウム溶液とウラン溶液を混ぜたものから直接、ＭＯＸ（混合酸化物）燃料をつくる指針が出される。その技術が完成するまでの暫定措置で東海再処理工場の操業は認められたのだった。

政府が並行して進める高速増殖炉は、再処理以上に核オプションと結びついていた。高速増殖炉は燃やしたプルトニウム以上のプルトニウムを生む「夢の原子炉」の触れこみで開発がスタートしたが、天然ウランを装填すれば軍用プルトニウムの製造装置に変わる。茨城県大洗町の高速増殖実験炉「常陽」は、そのように設計されていた。

常陽の炉心に発電用プルトニウム（濃縮率60％程度）を用いて高速中性子を発生させる。この高速中性子を炉心外側に装填したブランケットの天然ウランに照射すれば、軍用プルトニウムに転換できる。高速増殖炉には軍用プルトニウムの洗浄もしくは濃縮の機能が備わっていた。

当初、米国は常陽の建設に反対したが、性能試験中に限ってブランケットの装填を認め、性能試験後にブランケットを外すことで妥協した。常陽では77～83年の試運転中にブランケット燃料で濃縮率99・2％のプルトニウムが「19・2キログラム」つくられた（文科省07年1月23日公表）。また原型炉の「もんじゅ」でも94年からナトリウム漏れ事故を起こす95年末までに濃縮率99・8％のプルトニウムが「17キログラム」製造されている（文科省07年2月14日公表）。

元理化学研究所の研究員で理学博士の槌田敦は、「日本は約三六キログラムの超軍用プルトニウムを生産していたのである。これは超原爆約二〇発分に相当する。この常陽ともんじゅのブランケット燃料を再処理して軍用プルトニウムを抽出する特殊再処理工場は、リサイクル機器試験施設（RETF）という奇妙な名前で呼ばれていて、すでに基本的には完成」（『隠して核武装する日本』）していると記す。

核オプション合憲論という罠

政権中枢の核武装論と核燃料サイクルによる核オプションの具体化は、微妙に響き合った。かつて岸信介が正力松太郎の原子炉導入を意識しながら核保有合憲論を唱えたように、高級官僚が国会で同様の発言をした。

78年3月11日、真田秀夫内閣法制局長官は、参議院予算委員会で野党議員の質問に応えて「核兵器の保有に関する憲法第九条の解釈について」という文書を読み上げた。

「政府は、従来から、自衛のための必要最小限度を超えない実力を保持することは憲法第九条第二項によっても禁止されておらず、したがって、右の限度の範囲内にとどまるものである限り、核兵器であると通常兵器であるとを問わず、これを保有することは同項の禁ずるところではないとの解釈をとってきている」

さらに真田長官は、こう付け加えた。

「憲法上その保有を禁じられていないものを含め、一切の核兵器について、政府は、政策として非核三原則によりこれを保有しないこととしており、また、法律上及び条約上においても、原子力基本法及び核兵器不拡散条約の規定によりその保有が禁止されているところであるが、これらのことと核兵器の保有に関する憲法第九条の法的解釈とは全く別の問題である。以上のとおりでございます」

法的な核オプションを、真田長官は改めて強調した。

が、しかし、「自衛のための必要最小限度」というスタンスに立つと、核オプション合憲論は自縄自縛の罠に絡みとられ、決定的矛盾をさらけだす。その専守防衛、自衛のための必要最小限度の核兵器とは何か、という率直な問いに答えられないのである。

具体的に指摘しておこう。じつは、この禁断の質問、専守防衛のための核兵器とは何か、と国会で質問されたケースがあった。82年4月5日、民社党の核武装論者、柳澤練造が参議院予算委員会で、こう質したのだ。

「私は、核を使うというときはもう攻撃の場合だけだと思うのだけれども、専守防衛の立場に立って自衛の手段として核をお使いになるような場面というのは、どういうことがあるんですか」

答弁に立ったのは防衛庁防衛局長の塩田章だった。

「研究をしておるわけではございませんけれども、再度のお尋ねでございますからあえて申し上げれば、たとえば核地雷といったようなものは、攻撃的なものでなくて自分を守るためのものでございますから、そういったものはあるいは防御的な意味じゃないかというふうに言われたこともございます」

塩田の口から「核地雷」が飛びだして、問いかけた柳澤のほうが泡を食った。

「余り研究しないことは言わぬほうがいいので……」と慌てて柳澤は質問を打切り、話題を変えている。

当時は東西冷戦状態で、仮想敵はソ連だった。核地雷はソ連の侵攻に備えて北海道への敷設が想定されるが、下手をすれば道民が地雷に触れて死ぬ。放射性廃棄物が日本有数の穀倉地帯の北海道を汚染する……。まさに自殺行為であろう。不用意な核地雷への言及の後、専守防衛、自衛に必要な最小限度の核兵器について国会で取り上げられたようすはない。具体的に喋れば喋るほど、蜷山が述べたように「かえって新しい、より困難な拘束条件を作りだしてしまう」のだ。

核オプション論は、永遠に個別技術の想定域を出ないのである。核オプションに完成形はなく、核技術やロケット技術を個々に追い求めて一定のレベルに達しても、統合して武装化しようとしたとたん、日本は国際社会で孤絶して経済制裁を科せられ、安全保障体制は瓦解する。核オプションは、軍事偏重が仕掛けた巨大な罠といえよう。

核オプションの呪縛を解くために

だが、政府は、非核政策の反作用のように核技術の増強を図った。核燃料サイクル政策を一挙に推し進めたのは中曽根政権だった。中曽根の首相在任中（82年11月〜87年11月）、少なくとも10基の原発が発注され、そこには高速増殖炉「もんじゅ」も含まれている。中曽根は原子力予算の提出で権力への階段に足をかけ、原発とともに頂点に登りつめた。歴代首相のなかでも原発推進度は群を抜いている。

総選挙を控えた83年12月、青森に遊説した中曽根は、明るい表情でこう言い放った。

「下北半島は日本有数の原子力基地にしたらいい。原子力船の母港、原発、電源開発のＡＴＲ（新型転換炉）と、新しい型の原子炉をつくる有力な基地になる。下北を原発のメッカにしたら、地元の開発にもなると思う」

青森県民が寝耳に水の首相発言に驚いたときは、水面下でことは仕組まれていた。日経新聞が、84年元旦の一面トップで「むつ小川原に建設　核燃料サイクル基地」とスクープ記事を放った。

「政府、電力業界は、青森県・下北半島のむつ小川原地区に原子力発電用のウラン濃縮から使用済み核燃料の再処理、廃棄物処理まで一貫して行う『核燃料サイクル基地』を約一兆円かけて建設することを内定した。五十九（八四）年度から低レベル放射性廃棄物貯蔵施設と商業用ウラン濃縮工場の建設準備にとりかかる。再処理工場も同地区、または隣接する東通地区に建設することを政府、電力業界が協議している」

70年代まで核燃料サイクルは動燃を主体に国が主導権を握っていたが、原発稼働が本格化して使用済み核燃料の処理が海外に委託されると通産省は態度を変えた。国際政治に翻弄される外国の再処理に頼るのはリスクが高いと唱え、電力業界に原発をつくりたければ再処理にも協力するよう強く迫った。

その結果、80年に電力各社の出資で日本原燃サービス（現日本原燃）が核燃料サイクルの「商業利用」を目的に設立され、六ケ所再処理施設の運営が委ねられる。しかしながら、中曽根の「下北を原発のメッカ」宣言から三十数年経った現在も再処理工場が完成していないのは周知のとおりである。

では、中曽根本人は、核武装についてどう考えていたのだろう。佐藤内閣の防衛庁長官時代、非公式に防衛技官に核武装の研究を命じている。「2000億円以上、5年以内で可能」との見通しを示されたが、核実験場の確保の困難さを思い知る。首相就任直後、参議院予算委員会で「総理は核武装論者ではないかというふうな噂も取り沙汰されている」と野党議員に問われ、「私を核武装論者という人がおったら、それはとんでもない誤解で、勉強をしていない人の言うことである」と言下に否定した。公式には「日本は核武装しないほうがいい」と言い続けている。

ただし、非核論者ではない。外務省初代原子力課長を務め、米国との交渉に当たった金子熊夫は、「必要なら持てる力が抑止力になる。中曽根さんはそういう意見だった」（朝日新聞11年7月21日付）とコメントしている。中曽根が核燃料サイクルを核オプションと考えていたのは確実だろう。

たとえば、中曽根はロナルド・レーガン米大統領との「ロン・ヤス」関係を背景に日米原子力協定の改定へと踏み込んでいる。焦点は、再処理などで生じる核物質の国際移転に関する「個別同意」を「包括同意」へ改めることだった。

それまでの日米原子力協定では、日本は、軽水炉の建設や濃縮ウランの提供を米国に頼ってきたため、英仏両国に委託した使用済み核燃料の再処理で抽出されたプルトニウムについても、一回ずつ米政府の個別同意を得なくてはならなかった。これを「包括的事前同意」に変え、前もって了解を取りつければよしとする。新協定の締結による包括的合意から30年間、煩雑な個別審査をなくして再処理事業の商業化を推し進めようと日本側は考えた。

米国内では核不拡散グループや環境団体が協定改定に強く反対した。逆風を感じた中曽根は、レーガンとの会談で「日米は運命共同体」「日本列島浮沈空母化（敵性外国航空機の侵入を許さないよう日本列島周辺に高い壁を持つ空母のようにする）」と言い、涙ぐましいほどすり寄った。プラザ合意に向けて円高も容認した。

その見返りに包括的事前同意は認められ、向こう30年間、日本は「特別なポジション」を得る。NPTに加盟する非核国で、唯一、日本だけが再処理を含む核燃料サイクル施設の保有を認められたのだ。この「特別なポジション」が潜在的核抑止力、核オプションを担保している、と原発擁護派の政治家は肩をそびやかす。

だが……、ほんとうにそうなのだろうか。特別なポジションとありがたがっても、技術がそれを裏切る。核燃料サイクルの破綻は本章冒頭に記したとおりだ。「もんじゅ」の廃炉は決まり、プルサーマルは実現せず、高速炉開発は危険まみれで先行きは暗い。気がつけば、日本は約48トンの在庫プルトニウムを抱え、核セキュリティの観点から米国はじめ諸外国に厳しい視線を向けられる。福島の原発被災は続いており、日本という国の針路が問われているのだ。

行く手には核燃料サイクルへの歴史的評価が待ち受けている。天のめぐりあわせか、日米原子力協定は30年の時限が切れ、2018年に満期を迎える。目先の政治だけでなく、社会、経済、歴史、安全保障とあらゆる側面から「その後」を決定しなくてはならない。私たちの前には次の3つの選択肢がある。

・現状の「包括的同意」を維持して一定期間の延長をする。しかし、日本のプルトニウム在庫の多さから米政府や議会が現状を追認する可能性は低い。拒否もあり得る。
・大幅に改定して協定を結び直す。たとえば米国が包括的同意から「個別同意」に条件を戻して日本のプルトニウム管理を厳格化する。商業用の再処理路線は維持できない。
・新たな協定を結ばない。核燃料サイクルを止めて余剰プルトニウムを廃棄し、使用済み核燃料の最終処分への道筋を確立する。核不拡散が国是の米国は反対できない。

どの選択肢が、現在と未来の国民のしあわせにつながるのか。冷静に考えねばならないだろう。核オプションの呪縛を解くための検討が求められる。

核武装は「禁じ手」

中曽根政権が核燃料サイクルの具現化を進めた後も、ほぼ10年おきに核武装論議が浮上した。95年にＮＰＴ（核拡散防止条約）の無条件、無期限延長が決定された際には、防衛庁幹部の指示で、官僚と制服組による核武装の分析・検討が行われ、報告書がまとめられた。

その報告書は、日本が核武装に踏みきれば「ＮＰＴ体制の破壊をリードしかねない」「米国の『核の傘』、日米安保条約への不信表明と理解される可能性が高い」「周辺国から、日米安保を離脱して自主防衛に傾斜するとみられる」と結論づけている。米国の「核の傘」に頼ることが「最良の選択」と断定した。分析結果は、次のように記されている。

「国際社会の安定に依存する通商国家が、自国の核兵器により自らの生存を確保し、その権益を擁護することにどれほどの意味があるかは疑問と言わざるを得ない。かえって自らの生存の基盤を掘り崩す恐れが大きいものと考えられる」

政府内では非核が最良の選択という結論が下された。が、06年に北朝鮮が核実験を行うと、前述のように閣僚が核武装論議を提起した。福島原発事故の直後には石破元防衛大臣が核オプションを口にし、現在も一部の右派言論人や政治家が核武装を唱える。最近では、日米同盟の強化、軍事一体化の流れに乗じて、米国との「核兵器共有論」が浮上してきた。国際戦略研究所米国支部エグゼクティブ・ディレクターで、国務省の核不拡散担当だったマーク・フィッツパトリックは、自著『日本・韓国・台湾は「核」を持つのか?』(草思社)で日本が米国と核兵器を共有することについて、こう述べている。

「①アメリカの核兵器を巡航ミサイルとともに購入もしくはリース、ミサイル発射の拒否権はアメリカが保持、②アメリカのトライデントミサイルをリース、潜水艦プットフォームの共同開発、核弾頭の設計協力を行うという、イギリス型の抑止と同様の核戦略モデル、③日本が危機に遭遇した際、日本領内にリースによるアメリカの核兵器をアメリカの管理のもとで配備するという、NATO型と同様の方法――である。

①と②――おそらく③もほぼまちがいなく――は、ミサイル管理レジームのみならず、どちらも核拡散禁止条約(NPT)にも抵触している。そして、三つのモデルがいずれも可能となる唯一の状況とは、米中関係が修復不能なほどの破綻に陥り、韓国がある程度の核を保有することに対してもアメリカが認める場合に限られてくる」

国際戦略の専門家は、日本の核武装が周辺諸国に与える影響を憂える。

「日本の核国産プログラムは軍拡競争をあおり立て、この国の安全保障を強化するのではなく、むしろ弱体化させてしまうことになるだろう。中国にすれば、日本の核開発はきわめて挑発的で、中国の核兵器や通常兵器の増強をむしろ加速させる可能性さえある。状況によってはロシアもまた同様な反応を示すかもしれない。それでも日本が核兵器の開発を進めるなら、北朝鮮の核の先制攻撃という危険も高まっていくだろう」

さらには、「アメリカが日本を見放すか、もしくはそれをうわまわる厄介な事態」へ進展するとフィッツパトリックは予言している。日本が核武装を選べば自滅する。核武装は禁じ手である。とすれば、核燃料サイクルに核オプションを託す思考は、不可能を可能と言いつくろう方便にすぎない。もはや原発と核オプションは切り離さなくてはなるまい。

くり返すが、核オプションに核武装という完成形はなく、個別の技術を追い求めても統合することはできない。それが軍事偏重の仕掛けた巨大な罠の実態である。核オプションは「抜けない刀」であり、周辺諸国を挑発してまで持つ合理性は見当たらない。

終　地元の再興――民意は燃えている

原発を覆う政治の殻

多くの国民は、原発を閉じて安全で自立したエネルギーを使いたいと願っている。化石燃料の乏しい日本列島において、安全な純国産エネルギーとは、降り注ぐ太陽光や風力、川を下る水の力、地熱あるいは潮力などだ。

しかし、いくつかの要因が絡まって日本は原発を拒めない。消費者に近いところでは電力会社が、原発を廃炉にしたとたん、原発設備や使用済み核燃料の資産価値がなくなって損失を計上しなくてはならず、債務超過の怖れがあるから原発を捨てられないという。ならば、核燃料サイクルの完成という「幻想」をもとに使用済み核燃料を資産計上する会計ルールをあらため、核のゴミをバランスシートから外せるようにしたら、負担は軽くなる。電力会社は新規投資に動ける。その政治的判断ができるかどうかだ。

政官財学報の原子力ペンタゴンも、国策民営の産物であり、２０１２年の国民的議論に立脚すれば「廃炉」を中心にすえた形態に移行できるだろう。これも政治の問題だ。

東芝の崩壊で明らかになったように原子力産業の「日米一体化」の流れがウェスチングハウス（ＷＨ）買収の根底にあり、無理な投資が巨額損失を招いた。東芝だけでなく、仏原子炉メーカー、アレバも事実上の破綻を経験している。原発ビジネスは厳格な安全対策に応じた追加工事、工費の膨張に耐えられず、国際的に立ち行かなくなった。兆単位の建設費用は民間企業の手には負えない。一方で原発を見限り、分散型エネルギー開発に転じたシーメンスやＧＥ、ＡＢＢといった重電メーカーは成長の波に乗っている。原発事業の負の連鎖を断ち、分散型エネルギー開発にシフトする判断も政治に委ねられている。

原発と核燃料サイクルがあれば短期間で核武装できるとする「潜在的核抑止力」論は、戦後の保守派に継承されてきた政治信念そのものだ。原発を核武装の選択肢「核オプション」ととらえる思考は政治の深層で受け継がれてきた。が、しかし日本の核武装を国際社会が認める可能性はゼロだろう。米国を筆頭に「核クラブ」の五大戦勝国は、日本が核兵器を持てば、即座に敵視政策に転じる。通商断交で孤立するのは火を見るより明らかだ。それでも原発と核オプションを結びつけ、「抜けない刀」を持ちたがる人もいる。

このように原発のまわりには政治の堅い殻が何重にもかぶさり、守っている。その殻を剥がしていくと最後に残るのが、原発立地自治体の国策依存だ。これが内政的には最も強固な殻である。

逆に言えば、原発を閉じても立地自治体が自立し、再興できる見通しが立てば状況は大きく変わる。そのためには国が責任をもって地元と向き合い、隣接地域や電力を送られる大都市も含めて手を差し伸べねばなるまい。立地自治体の自立は大変な政治的エネルギーを要するだろうが、東日本大震災から6年が過ぎ、再興の光がさしてきた。立地自治体をどのように立て直すか。まずは、当事者の率直な意見に耳を傾けてみよう。

自治体の自立を阻む財源問題

「全国原子力発電所所在地市町村協議会（全原協）」という組織をご存知だろうか。北は北海道の泊村から、南は鹿児島県薩摩川内市まで23の原発立地市町村が会員である。福島原発事故で生活と共同体を破壊された双葉町、大熊町、富岡町、楢葉町も会員として入っている。事故原発がある双葉や大熊は実体としてのまちが消えた。一方でJパワー（電源開発）が前例のない全炉心にMOX（プルトニウム・ウラン混合酸化物）燃料を装荷するフルMOX原発を建設中の青森県大間町、原発計画の賛成派と反対派が激しくぶつかる山口県上関町も全原協には加入している。

全原協は、原発事故で破局を先に経験した自治体と、リスクを抱えて再稼働を目ざす自治体、これから原発を建てて財政状況を好転させたい自治体が併存する。原発を中心に「未来・現在・過去」が集約されているといえるだろう。その「平成28年度事業計画」には、「地域住民の安心安全を確保し、国民理解を得られる原子力政策を具体化するため」の国や関係機関への要請が並ぶ。被災地復興、安全規制・防災対策面で強く要求する傍ら、「原子力政策について」では国の推進策をバックアップしている。「立地地域対策について」で自らの立場と要望を次のように表明している。

「立地地域は長年にわたり、原子力発電を地域の主要産業として受け入れ共存してきたが、原子力発電所の長期停止や廃炉により、地域経済にも大きな影響が生じることが懸念される。原子力発電を重要なベースロード電源として活用する方針とした国が責任を持って、立地地域の持続的発展に資する取組を行うことを強く求める」

「今後の課題」にも地域振興を掲げて、「沖縄問題と同じく、国民全体で負担すべき国策を受け入れている地元に、苦悩だけが負荷されるのではなく、それに見合う地域振興策の実現」を要求している。ただ、沖縄の辺野古基地移設問題で揺れる地元、名護市や沖縄県が移設＝国策に反対しているのに対し、福島以外の原発立地自治体で原発推進国策に異を唱えるところは一つもない。福島も事故を経て脱原発に転じた。「沖縄問題と同じ」ではない。ここを混同してはならないだろう。

全原協の公開資料からは、再稼働がなかなか進まず、老朽原発の廃炉を懸念しつつも国にすがりつくしかない実情が伝わってくる。自立できれば自立したい。でも難しい。自立を阻む主因は財源問題である。国の原発関連交付金と原発施設への固定資産税（地方税）が自治体の歳入の基盤を成している。

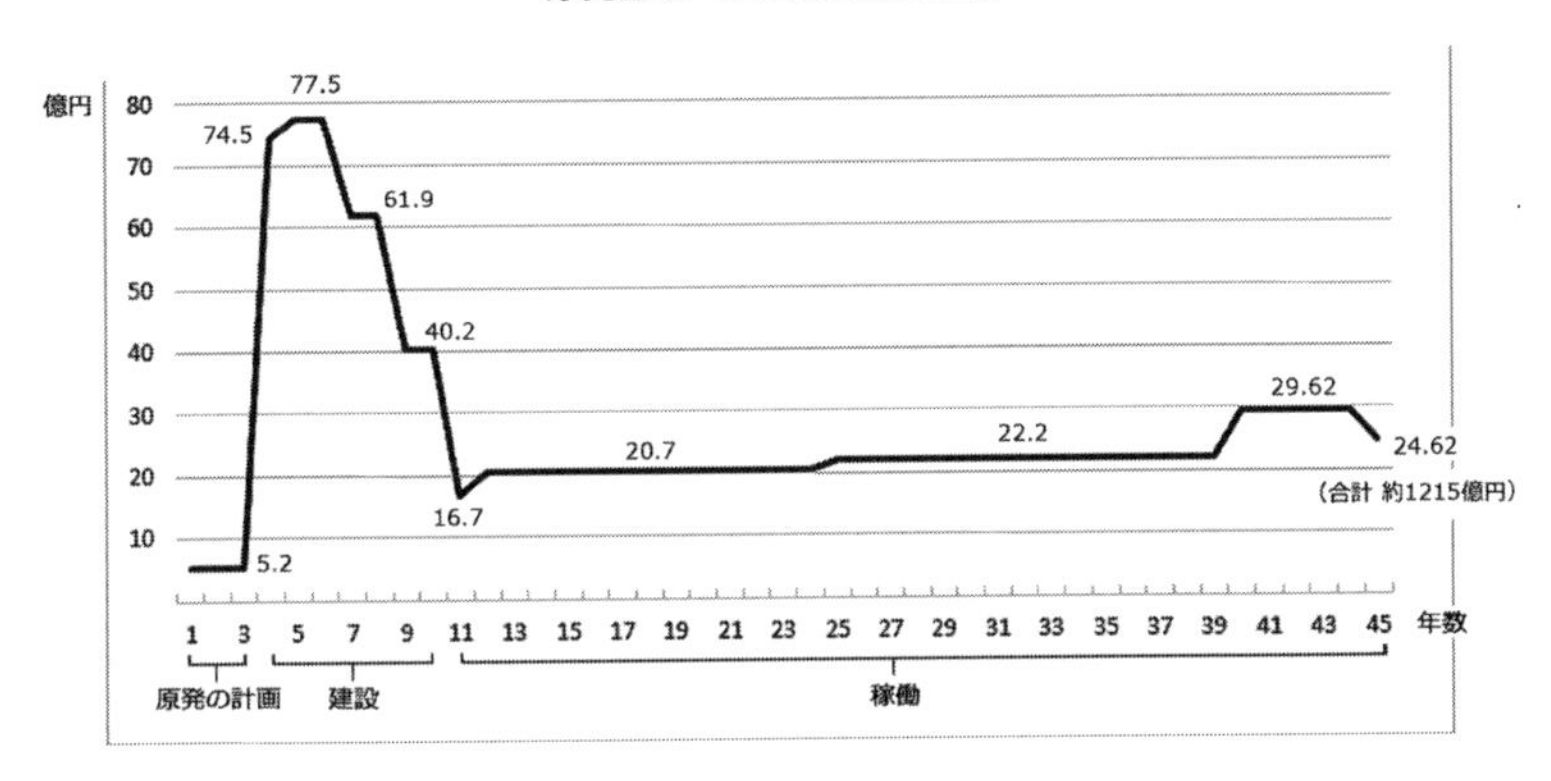

（経済産業省資源エネルギー庁 発行『電源立地制度の概要』p.3-4 掲載のグラフをもとに作成）

「原発立地自治体の財政・経済問題」（国立国会図書館）によれば、15の原発立地町村の歳入に占める原発関連交付金の割合は平均15・4％にも及ぶ。全国町村平均はわずか0・5％だ。立地町村は地方税の約8割を潤沢な固定資産税がカバーしており、地方税の歳入比率は44・2％。じつに全国町村平均の2倍である。

国の財源支援の柱が電源三法（発電用施設周辺地域整備法・電源開発促進税法・電源開発促進対策特別会計法）による交付金だ。資源エネルギー庁は「電源立地制度の概要」というパンフレットで「原子力発電所が建設される市町村等には、電源三法交付金による財源効果がもたらされます」と大々的に宣伝している。上図は、出力１３５万ｋＷの原発を新設する場合の財源効果のモデルケース。原発計画（3年）、建設（7年）、運転（35年）を通して約１２１５億円の交付金が立地地域に投入される過程を表している。計画時点で毎年5・2億円が入り、着工すると一挙に70億円を突破。運転開始までの10年間で約449億円が立地地域に落ちる。運転期間中も毎年20億円以上が交付され、固定資産税もごっそり入る。これで自治体の財政感覚が狂わないはずがない。

フルMOX原発を建設中の大間町の財政はどうか。2015年度の大間町の歳入は56億3300万円だ。大間町は04年度から14年度にかけて国の電源立地地域対策交付金の促進枠で72億6000万円を使いきり、学校や道路、保育園、病院などの整備を進めた。当初、14年度中に原発の営業運転が始まり、15～18年度に計164億円の固定資産税が入る見込みだった。これを当て込んで交付金を先食いしたのだ。

ところが、運転開始は福島原発事故で大幅に延びた。早くて24年ごろといわれる。税収が乏しい大間町は基金を取り崩し、Jパワーの支援で食いつなぐ。老朽化が著しい築86年の庁舎の建て替えもままならない。財政は「あと数年で破綻する」と職員は嘆く。町議の一人は「稼働開始が延びれば延びるほど、Jパワーのすねをかじらなければならなくなる。町は『自治』とかけ離れているが、原発が動くまでは誰が町長でもほかに選択肢がない」(17年1月12日付 河北新報)と語っている。稼働延期で町に財政負担がのしかかり、存亡の危機に追い込まれる。行政と民間企業の違いがあるとはいえ、東芝崩壊と同じパターンである。

大間原発に対しては津軽海峡の対岸、函館市が「建設凍結」訴訟を東京地裁に起こしている。函館市の一部は大間原発から30キロ圏に入っており、事故リスクを抱える。稼働はさらに遅れるか、建設が止まる可能性もある。函館市の工藤壽樹市長は、14年7月、第1回口頭弁論後の記者会見で、福島原発事故で全町避難が続く浪江町の現状に触れ、こう語った。

「いままで地方自治体が事実上地上から消え去るというのは原発事故以外になかったのです。地震や津波のような自然災害で大きな被害はあってもまちを再建することは，何回も経験してきた。戦争をくり返しながらまちを復興してきたわけで，原爆投下のあった広島・長崎でさえ再生できたのです。原発の過酷事故というのは，広範囲に放射能をばらまき，そして半永久的に自治体存立そのものが奪われてしまう。いままで経験したことがない事態だから、法がそれを想定していない。けれども、自治体にそういうことが起こり得るということが、福島の事故で初めて明らかになった」

だから首長として「自治体を守る」と市長は提訴した。原理的には死を恐れる人間の安全の希求に「これでいい」という限度はない。過酷事故が起きたら人が近寄れない原発は制御できず、安全対策は無限に拡大する。そこに公費を投じ続けることは不可能だろう。

原発からの自立と再興に向けて

では、立地自治体が背負った重い十字架を外し、再興するには何からどう手を付ければいいのだろうか。当然ながら、原発ゼロへの政策転換は立地自治体に打撃を与える。国が責任をもって適切な措置を講じるのは大前提だろう。立地自治体だけでなく、最低30キロ圏内の隣接地域も含めて国家戦略拠点に指定し、激変緩和の措置が求められる。

かつて石炭から石油へのエネルギー革命のなかで、産炭地は産業構造の転換を余儀なくされた。その実例がある。産炭地域特別措置法が策定され、財政支援が行われた。結果的に大学やベンチャー企業を誘致して情報産業都市に生まれ変わった福岡県飯塚市や、閉山の前後から常磐炭鉱の経営多角化を進め、製造業、小売・卸売、建設業、観光サービス業が育った福島県いわき市などの成功例もあれば、工業団地誘致に失敗した福岡県赤池町、多額の投資を回収できなかった北海道夕張市のように財政再建団体に転落したケースもある。産炭地振興の成功と失敗、光と影を十分に吟味する必要があるだろう。

国会議員の「原発ゼロの会」は、次のような「廃炉等に伴う地域活性化支援法（仮）」の支援枠組みを提唱している。

①従来の原発推進政策のための資金等の振り替えを含め、廃炉自治体特区構想を進め、自治体による公社設立による地域整備や産業遊休地の再利用促進、立地地域に所在または起業する企業支援、産業転換の促進、税制優遇策等を講じる。

②いわゆる電源三法ならびに原子力発電施設等立地地域振興特措法の改正による、廃炉促進の

ための法整備をする。

少なくとも30年続く廃炉事業を「静脈産業」に地位づければ、関連技術の革新や雇用で新たな地平がひらけると期待される。廃炉と再生可能エネルギーの導入をテコに30年かけて地域と産業を再興していく。具体的には、どのような道筋が考えられるだろうか。

事故で脱原発に転じた福島に再興の芽がふいている。17年2月、私は原発の周辺自治体として復興途上にある南相馬市を訪ねた。

南相馬市の転換

南相馬市は、東日本大震災で津波と原発事故、二重の災厄が襲いかかった地である。津波の死者・行方不明者は1121人にのぼる。沿岸部で命からがら逃げ延びた被災者は、悲しみに震えながら行方の知れない肉親を捜そうとがれきの荒野に踏み込んだ、そのとき福島第一原発が爆発したのだった。

市域の大部分が原発から10～30キロ圏に入る南相馬市には政府の避難指示が出された。津波で泥まみれになった人も、行方不明の妻や子、親きょうだいの捜索を許されず、一斉に30キロ圏外へと追い立てられたのだ。避難の過程でも多くの人が命を落とした。

震災前に7万1000人だった市の人口は、原発爆発の3週間後には1万人を切った。街はゴー

年　度	2012 (平成24)	2020 (平成32)	2030 (平成42)	2040 (平成52)	2050 (平成62)
再生可能エネルギー発電量（MWh）	21,000	275,000	372,000	434,000	496,000
（内訳）太陽光	2,000	168,000	195,000	222,000	249,000
風力	0	88,000	158,000	193,000	228,000
その他	19,000	19,000	19,000	19,000	19,000
電力消費量の推計（MWh）	455,000	430,000	396,000	362,000	326,000
電力消費量比率（%）［平成21年度比］	98	92	85	78	70
再生可能エネルギー導入比率（%）（消費エネルギーに対する比率）	5	64	94	120	152
導入ポテンシャルに対する比率（%）	1	15	20	24	27

南相馬市の「再生可能エネルギーの導入量と電力消費量の見込み」（南相馬市復興企画部）

ストタウンと化し、飼い主が鎖を解いた犬の群れがうろつく。得体の知れない集団が被災地の家屋に侵入した。

あのどん底から街は持ち直し、現在の人口は5万7000人に回復している。とはいえ、65歳以上の高齢者が占める割合（高齢化率）は全国平均の26％から一挙に34％にはね上がった。若い働き手が圧倒的に足りない。過疎に悩みながら産業の再生を模索する原発立地自治体との共通点は多い。

ただし、一つだけ、これが極めて重要なのだが、立地自治体と異なる点がある。原発への姿勢である。南相馬市は「脱原発都市宣言」を行い、2030年までに再生可能エネルギーによる電力自給率をほぼ100％に高める目標を掲げた。（上図）

相馬市は太陽光と風力の導入を中心に省エネルギーとスマートコミュニティ構築を志向する。ITや省エネ技術を組み合わせて、地域全体のエネルギーの有効利用システムを確立しようと、具体的な事業を進めている。ともすれば再生可能エネルギーの活用というと、遠い先の話、夢物語と思われがちだが、南相馬市で起きている変化を知ったら認識が一新されるだろう。

たとえば太陽光の普及の速さと量だ。復旧で再建される家々の屋根にはことごとく太陽光パネルが載る。津波をかぶった農地や放射能で汚染された土地の除染後の転用地にはメガソーラー発電所が次々と建設されている。16年7月に避難指示が解除された小高区には年間発電容量1・4メガワットの太陽光発電所が竣工し、「懸の森太陽光発電合同会社」が運営している。沿岸の被災地域では住友商事が大成建設と組んで110ヘクタールの土地に59・9メガワット、46ヘクタールの土地には32・3メガワットの太陽光発電施設を建設しており、ともに18年中に商業運転を始める予定だ。

これらが完成すると、一般家庭約3万世帯分の電力を供給できる。南相馬市の世帯数は2万3000だから100%自給は十分射程に入る。加えてメガソーラーに隣接して4基の風力発電の建設も始まった。こちらは日立サステナブルエナジーが60%、地元の建設、設備、電気会社が40%出資した「南相馬サステナジー」が管理する。2020年に電力自給率を64%まで高める中間目標は確実にクリアできそうだ。南相馬市は分散型エネルギー革命の潮流に乗り、産業の創出とエネルギーの「地産地消」を射程に入れている。

「脱原発をめざす首長会議」の世話人でもある桜井勝延南相馬市長は、根本的な発想の転換についてこう語る。

「地域の住民が安全な電力源を何に求めるかが鍵です。福島の経験から原発の危険さは世界中に知れ渡った。歴史に刻印されました。原発立地自治体は、地元の電力源を再生可能エネルギーや環境負荷の少ない火力に付け替えればいいのです。もともと立地自治体は発電所から大都市圏へ電気を届ける大きな送電網を持っている。再エネで自分たちの分は自分たちで賄い、余ったら大都市に送れる。自立のチャンスなんです。メガソーラーをやろうと決めたのは、津波や原発事故の風評被害で農地が使えなくなったからです。農家が農業で食えなかったら電気を売るしかない。ＦＩＴ（固定価格買取制度）で太陽光の電気を高く売れるしくみができて後押ししてくれた。民間の再エネへの投資意欲はもの凄いですよ」

立地自治体は財源だけでなく、雇用でも原発に依存してきた。福島第一、第二原発だけで1万1000人の雇用が確保されていた。宿泊業や飲食業、さまざまなサービス業への波及効果は大きい。立地自治体は原発を止めたら失業者が増えると憂え、国策に頼る。

「交付金漬けの税金垂れ流しで原発に莫大な投資が行われてきました。維持管理、使用済み核燃料の再処理、最終処分まで考えたら想像を絶する額になる。それを廃炉や地産地消の循環型システム、産業再生に振り向ければ、瞬く間に状況は変わりますよ。人びとは、そんなに愚かではない。原発投資に比べたら、はるかに少ない額で再興できる。福島の原発は止まっていますが、リスクは消えていません。最大のリスクは、あそこに使用済み核燃料がどっさり残っていることです。いつ地震や津波でまた事故が起きるかもしれない。立地自治体は、計り知れないリスクをいつまで抱え続けるつもりでしょうか。将来世代のためになどときれいごとを言ってるわけじゃない。いま、そこに危機があるんです」

ロボットに目をつけた南相馬市長

南相馬の太陽光で生まれたエネルギーは、新しい農業「植物工場」でも利用される。一部の植物工場はすでに稼働しており、生産された野菜は契約したスーパーやファミリーレストランに届けられている。若い働き手が不足する南相馬が、産業の再生、雇用回復の切り札に期待するのが「ロボット」関連施設の誘致だ。津波で壊滅状態となった萱浜地区に50ヘクタールもの広大な「ロボットテストフィールド」を開き、基礎的研究のための「国際産官学共同利用施設」を併設する。このプロジェクトは、経産省の「イノベーション・コースト構想」に組み込まれており、浜通南部の廃炉国際共同研究センターや放射性物質分析・研究所とともに福島県が施設を提供する。

18年度から順次開所されるロボットテストフィールドには「無人航空機（ドローン）」「インフラ点検・災害対応」「水中水上ロボット」のエリアがそれぞれ設けられる。無人航空機エリアには長さ500メートルの滑走路や、縦680メートル×横200メートルの落下試験場がつくられ、基本飛行試験や物資投下の特殊試験などが実施される。インフラ点検エリアにも長さ50メートルのトンネルや橋が整備され、ロボットによる維持点検、障害物の除去や捜索救助の訓練も行われる。日本は１９８０年代から「モノづくり」の産業ロボットで世界をリードしてきたが、これほど広く、多様な実証実験ができるフィールドは国内に例がなく、ロボット開発の集積拠点と位置づけられている。

なぜ、ロボットに目をつけたのか。桜井市長が語る。

「南相馬市の住民5万７０００人のうち20歳以下は1万人しかいません。65歳以上がおよそ2万人。青・壮年層の働き手2万７０００人が若年者と高齢者を支えています。中小企業を外から誘致するのは難しくないけれど、来てもらっても働き手がいないんです。だったら市外、県外、国外から若い技術者、研究者が集まる拠点をつくったほうが将来的な布石になります。ロボット開発を選んだのは、われわれが労働力不足を痛感していたからです。田んぼの耕耘ひとつとっても人間がトラクターを運転して延々とやっている余裕はありません。製造業にしろ、サービス業にしろ、単純労働はロボットに置き換えて人間は人間らしい仕事をこなす。そういうニーズを痛感しています。ロボット工学は、人工知能（ＡＩ）と一体で猛烈なスピードで進んでいて、テストフィールドにはトヨタやヤマト運輸、日立、東芝、ソフトバンク、楽天など分野を超えた優秀な頭脳が結集されます。地元の人材育成にも貢献してくれるのは間違いないでしょう」

17年春、南相馬市では小高工業高校と小高商業高校を統合した「小高産業技術高校」が開校する。従来の電気科、流通ビジネス科に加えて「産業革新科」が新設される。テストフィールドに来たロボット研究者による授業も準備されている。テストフィールドには、ドローンでの物資運搬や計測にとどまらず、「自動走行バス」「空飛ぶ自動車」の試験申し込みも届いている。技術系の高校生にとってロボット開発は身近な目標に変わった。

震災後、ここまでこぎつけるにはさまざまな軋轢も生じた。なかでも原発20キロ圏内の小高区の避難指示解除では、桜井市長は住民から激しいバッシングを受けた。放射線量が下がっていないのにどうして解除を急ぎ、われわれを危険にさらすのか。いつから市は国の手先になったのか、と……。桜井市長はふり返る。

「2012年、まだ除染も始まっていなかった段階で小高区にも復旧で入ろうと決めました。電気、水道、ガス、道路などのインフラはズタズタ、家は倒壊してボロボロ。目も当てられない惨状でした。とてもこのまま放置していいとは思えなかった。復旧は賠償問題と切り離して進めようと決断したんです。ふざけるなという思いの方もいて、痛烈に批判された。激しい非難を浴びました。でも、一年後には復旧に反対する人はほとんどいなくなった。復旧開始から4年間、何十回、何百回、市民と膝詰めで話し合ったことか。いろんな集会で叱られ、怒鳴られながら対話を重ねました。延べ10万人の市民と直接言葉を交わしてきましたからね。その積み重ねで解除をしたんです。確かに被曝の危険性を主張される方はいます。とにかく徹底的に検査を続け、市民の健康状態をチェックしてデータをお示しする。やり続けて理解してもらえるよう努めるほかありません」

震災前に1万人いた小高区の住民のうち、避難解除後、1200人が戻った。17年の春から小中高生700人以上が小高区の学校に通うようになる。子どもたちが心置きなく運動できるようにと、除染が終わったすべての校庭に人工芝が敷きつめられた。その一方で健康被害を懸念して帰還を諦めた人たちもいる。分断された時間が被災地に流れている。

建設業者による見通し

原発立地自治体と南相馬市の共通項のひとつが、ともに建設業が雇用の受け皿になっていることだ。立地自治体では交付金を財源に公共事業や発電所施設関係の工事が頻繁に行われ、建設業の割合が高くなった。2010年の国勢調査では、新潟県柏崎市の全就業人口に占める建設業の比率は12・4%、同じく南相馬市は11%である。

現在、南相馬の建設業は復興需要でフル回転しているが、いつまでも仕事が続くわけではない。原発で潤った自治体の建設業者が歳月の経過とともに工事が減るのに似ている。立地自治体は原発建設の財源効果が薄れると「原発をもう一つ」と国に求めてきたが、南相馬は脱原発、再生可能エネルギーの導入に舵を切った。南相馬の建設業者はどのように先を見通しているのか。

地場大手の石川建設工業は、日立サステナブルエナジーとともに南相馬サステナジーに出資し、風力発電所を建設中だ。石川俊社長は「ふたつの方向」があると言う。

「復興が一段落すれば、現状を維持するのは厳しくなります。その裏で大切な重機オペレーターや技能者はどんどん減っている。そこで、道路や橋などインフラの維持メンテナンスは、従来の会社ごとの箇所付けではなく、地元の建設業協同組合で請ける形に変えます。一種の協働化ですね。組合で請ければ、やりくりしてA社の優秀なオペレーターをB社でも使える。効率化して人材の枯渇を防ぐ。そうすれば災害に対応できる最低限の人材が確保できます。もう一つは、自らで仕事を提案していくこと。縦の関係で設計会社、建設や土地のコンサルタントなどと組んで橋を付け替えるなら道路はこうしましょうとか、提案する組織をつくる。待っているだけでは仕事がこなくなりますからね」

国には単発の施設建設ではなく、周辺地域への財政支援も求めたいと石川社長は言う。

「今後、廃炉施設とともに福島第一原発の周辺には大規模な中間貯蔵施設がつくられます。

福島県内の除染で発生した土壌や廃棄物を最終処分までの間、集中的に貯蔵する施設です。この建設を国は発注するでしょうが、大手ゼネコンが請け負えば地元にはお金は回ってきません。中心施設だけでなく、周辺の環境整備にも補助をしてほしい。たとえば一般道を、放射性廃棄物を積んだダンプが行き交えば、いつまでも風評被害が続く。中間貯蔵施設への専用道路も必要でしょう。地域に密着した施策を求めたい」

廃炉から再興へ

福島の被災地の取り組みが、そのまま原発立地自治体に当てはまるとは限らない。しかし、共通の大きなテーマも目の前にある。廃炉、だ。電力会社は、再稼働へのステップを踏みながら古い原発の廃止も公表し始めた。関西電力は福井県の美浜原発1、2号機、日本原子力発電は敦賀原発1号機の廃炉を決めた。

16年7月1日、敦賀市の若狭湾エネルギーセンターに民間企業227社、403人が馳せ参じた。福井県内の企業が中心だ。関電と日本原電の廃炉説明会が催されたのである。担当者が廃炉措置のスケジュールや作業内容を解説すると参加者は目を輝かせた。3基合計の廃炉費用は1046億円に達する。廃炉作業は少なくとも30年間続き、作業員の宿泊や飲食の副次的な経済効果も期待できる。

ただし、日本で廃炉は緒についたばかり。問題は技術である。廃炉の工程は、放射能で汚染された配管などの除染から始まり、原子炉周辺設備から原子炉本体の解体、原子炉建屋の撤去へと進む。原子炉本体の解体には作業員の被曝防護や高レベルの放射性廃棄物の減容化といった技術も求められる。欧米では廃炉技術がある程度確立されており、海外メーカーからの売り込みは激しい。だが、廃炉にかかる費用や期間を抑える技術を追求する余地は大いにある。エネルギー総合工学研究所の石倉武参事は「原子炉を効率的に切断する技術などが期待される。優れた技術を持っていれば参入しやすい」（日経新聞16年8月22日付）と指摘する。

日本の難点は、廃炉で持ち出される放射性廃棄物の処分地が決まっていないことだ。地中深く埋設する高レベル放射性廃棄物の処分場はもちろん、それ以外の廃棄物の処分先もほとんど未定である。処分場が決まらなければ廃棄物を搬出できず、廃炉作業は遅れる。

世界に目を転じれば約６００基の原発が建てられ、１００基以上の廃炉が決定している。運転開始から30年を過ぎた老朽原発は多く、前途には巨大な廃炉市場がひろがる。同時に分散型エネルギー革命は急速に進んでおり、16年には世界中の年間発電投資の7割、２８８０億ドル（33兆円）が再生可能エネルギーに向けられた。アラブ首長国連邦のアブダビでは太陽光の1キロワット時当たりの発電コストが「３円」を切った。学習効果で太陽光の発電コストは全世界的にどんどん下がり続けている。波動は日本にも及ぶ。

原発維持路線から脱し、廃炉から再興へ。私たちは時代の分水嶺に立っている。何を怖れることがあろうか。南相馬の小高にルーツを持ち、相馬藩士の末裔であることを誇った文学者、埴谷雄高は「幻視のなかの政治」に記した。

「政治の幅は常に生活の幅より狭い。本来生活に支えられているところの政治が、にもかかわらず、屢々、生活を支配していると人びとから錯覚されているのは、それが黒い死をもたらす権力をもっているからに他ならない。一瞬の死が百年の生を脅かし得る秘密を知って以来、数千年にわたって、嘗て一度たりとも、政治がその掌のなかから死を手放したことはない」

原発が権力に経済と軍事ふたつの力を与えてきたことは否定できない。ただ、福島原発事故は、権力が想定外と口にした時点で権力自身の敗死でもあった。私たちはそれを目撃し、体験した。大局をふまえた選択に向けて、民意は静かに燃えている。

参考文献

『核テロリズムの時代　NHKスペシャルセレクション』(NHK広島「核テロ」取材班、日本放送出版協会、2003年)
『イラク原子炉攻撃！　イスラエル空軍秘密作戦の全貌』(ロジャー・クレイア著、高澤市郎 訳、並木書房、2007年)
『テロリストは日本の「何」を見ているのか　無限テロリズムと日本人』(伊勢崎賢治著、幻冬舎新書、2016年)
『核武装論　当たり前の話をしようではないか』(西部邁著、講談社現代新書、2007年)
『隠して核武装する日本』(槌田敦他著、影書房、2007年)
『核大国化する日本　平和利用と核武装論』(鈴木真奈美著、平凡社新書、2006年)
『原発と原爆「日・米・英」核武装の暗闘』(有馬哲夫著、文春新書、2012年)
『日米〈核〉同盟　原爆、核の傘、フクシマ』(太田昌克著、岩波新書、2014年)
『日本・韓国・台湾は「核」を持つのか？』(マーク・フィッツパトリック著、山勝訳、草思社、2016年)
『常識として知っておきたい　核兵器と原子力』(ニュースなるほど塾編、KAWADE夢文庫、2007年)
『岸信介回顧録――保守合同と安保改定』(岸信介著、廣済堂、1983年)
『激化する国際原子力商戦　その市場と競争力の分析』(村上明子著、エネルギーフォーラム、2010年)
『ドキュメント　東京電力』(田原総一朗著、文春文庫、2011年)

『原発・正力・CIA　機密文書で読む昭和裏面史』（有馬哲夫著、新潮新書、2008年）
『原発プロパガンダ』（本間龍著、岩波新書、2016年）
『安保と原発　命を脅かす二つの聖域を問う』（石田雄著、唯学書房、2012年）
『告発！　エネルギー業界のハゲタカたち』（グレッグ・パラスト著、仙名紀訳、早川書房、2012年）
『新版　原子力の社会史　その日本的展開』（吉岡斉著、朝日新聞出版、2011年）
『叢書　震災と社会　脱原子力国家への道』（吉岡斉著、岩波書店、2012年）
『原発を終わらせる』（石橋克彦編、岩波新書、2011年）
『原発と権力　戦後から辿る支配者の系譜』（山岡淳一郎著、ちくま新書、2011年）
『日本電力戦争　資源と権益、原子力をめぐる闘争の系譜』（山岡淳一郎著、草思社、2015年）

謝辞

本書を執筆するに当たり、大勢の方々に取材にご協力いただき、貴重な証言、助言を頂戴した。

青灯社の辻一三さん、山田愛さんには編集の労をとっていただいた。

ここに厚く御礼を申し上げる。

２０１７年３月

山岡淳一郎

［著者］山岡淳一郎（やまおか・じゅんいちろう）　１９５９年愛媛県生まれ。ノンフィクション作家。東京富士大学客員教授。著書『長生きしても報われない社会――在宅医療・介護の真実』『原発と権力』『インフラの呪縛』（ちくま新書）『気骨――経営者土光敏夫の闘い』『国民皆保険が危ない』（平凡社）『後藤新平――日本の羅針盤となった男』『田中角栄の資源戦争』（草思社文庫）『医療のこと、もっと知ってほしい』（岩波ジュニア新書）ほか

日本はなぜ原発を拒めないのか
――国家の闇へ

2017年4月30日　第1刷発行

著　者　山岡淳一郎
発行者　辻　一三
発行所　株式会社青灯社
東京都新宿区新宿 1－4－13
郵便番号 160－0022
電話 03－5368－6923（編集）
　　03－5368－6550（販売）
URL http://www.seitosha-p.co.jp
振替　00120－8－260856
印刷・製本　モリモト印刷株式会社

ISBN978－4－86228－093－0 C0036

小社ロゴは、田中恭吉「ろうそく」（和歌山県立近代美術館所蔵）をもとに、菊地信義氏が作成

●青灯社の本●